RACHEL SUSSMAN

DIE ÄLTESTEN LEBEWESEN DER ERDE

MIT ESSAYS VON HANS ULRICH OBRIST UND CARL ZIMMER

BILDAUSWAHL UND -BEARBEITUNG *Christina Louise Costello*
INFOGRAFIKEN *Michael Paukner*

Übersetzung aus dem amerikanischen Englisch von Ulrike Becker

QUADRIGA

RACHEL SUSSMAN ist eine Künstlerin aus Brooklyn, New York. Ihre Fotografien und Texte sind unter anderem in der NEW YORK TIMES, im WALL STREET JOURNAL, im GUARDIAN und im KUNSTFORUM INTERNATIONAL erschienen. Sie wurde bereits mehrfach ausgezeichnet, u. a. mit einem Guggenheim Stipendium, von der New York Foundation for the Arts und dem LACMA Lab. Sie hat zahlreiche Vorträge gehalten, beispielsweise auf einer TED-Konferenz, in der Long Now Foundation und an der University of California in Los Angeles, und war Gast bei CNN, BBC sowie diversen Radiosendern. Außerdem ist sie ein Mitglied von Al Gores Climate Reality Leadership Corps. Ihre Arbeiten wurden in Museen und Galerien in den USA und Europa ausgestellt und befinden sich in den Sammlungen von Museen, Universitäten, Firmen sowie in Privatsammlungen. http://rachelsussman.com

Für Madeline und Abigail
mit Hoffnung
für die Zukunft

HABEN WIR EINMAL DIE ANGST VOR DER EIGENEN WINZIGKEIT VERLOREN, FINDEN WIR UNS AN DER SCHWELLE ZU EINEM UNERMESSLICHEN UND FASZINIERENDEN UNIVERSUM WIEDER, WELCHES DAS FEIN SÄUBERLICH AUF MENSCHENMASS GEZIMMERTE PROSZENIUM UNSERER VORFAHREN SOWOHL RÄUMLICH ALS AUCH ZEITLICH UND IM HINBLICK AUF SEINE MÖGLICHKEITEN ZWERGENHAFT ERSCHEINEN LÄSST.

CARL SAGAN

FOTOGRAFIE IST EINE ART *MEMENTO MORI*. FOTOGRAFIEREN BEDEUTET TEILNEHMEN AN DER STERBLICHKEIT, VERLETZLICHKEIT UND WANDELBARKEIT ANDERER MENSCHEN (ODER DINGE). EBEN DADURCH, DASS SIE DIESEN EINEN MOMENT HERAUSGREIFEN UND ERSTARREN LASSEN, BEZEUGEN ALLE FOTOGRAFIEN DAS UNERBITTLICHE VERFLIESSEN DER ZEIT.

SUSAN SONTAG

Inhalt

EUROPA

ASIEN

AFRIKA

AUSTRALIEN

ANTARKTIS

Vorwort

DIE WELT, WIE WIR SIE KENNEN

Neun Milliarden Jahre vergingen zwischen dem Urknall und der Entstehung der Erde. Eine weitere Milliarde Jahre sollte es dauern, bis die ersten Anzeichen von Leben auftauchten, und selbst zu der Zeit wäre uns unser Planet nicht nur fremd, sondern gänzlich unbekannt vorgekommen. Es gab keine Kontinente und nicht annähernd genug Sauerstoff, um entspannt atmen zu können. Den Stromatolithen – einem einzigartigen Amalgam aus lebender biologischer Materie und totem geologischen Sediment – wird die Anreicherung unserer Atmosphäre mit Sauerstoff mittels der Photosynthese zugeschrieben, durch die der Weg für die Entwicklung aller künftigen Lebewesen bereitet wurde. Das dauerte einige Zeit. Die ältesten noch lebenden Stromatolithen sind heute zwischen 2000 und 3000 Jahre alt und verhalten sich immer noch mehr oder weniger genauso wie ihre Vorfahren vor 3,5 Milliarden Jahren.

Die ältesten Lebewesen der Erde umspannt verschiedene Disziplinen, Kontinente und Jahrtausende: Das Projekt ist zum Teil Kunst, zum Teil Wissenschaft, per se Umweltfragen gewidmet und kann als physische ebenso wie philosophisch motivierte Reise in die Tiefen der Erdgeschichte verstanden werden. Ich recherchiere, arbeite mit Biologen zusammen und bereise die Welt, um Organismen zu fotografieren, die seit mindestens 2000 Jahren leben. Die Fotos sind Bilder von Vergangenem in unserer Gegenwart, Porträts von Individuen, die einen Zeitrahmen aufspannen, der weit außerhalb unseres gewohnten Bezugsrahmens liegt. Indem das Projekt Organismen mit einem für uns abstrakten Alter zusammenführt, ermöglicht es die anthropomorphe Verbindung des Betrachters mit einer Zeitspanne, deren Erfassung für unser Denken eine so große physiologische Herausforderung darstellt, dass wir deren zeitliches Ausmaß kaum vollständig begreifen könnten. Die Fotografie ist das ideale

Medium, um solche Zeitdimensionen einzufangen: In einer Fotografie werden Tausende Lebensjahre zu Sekundenbruchteilen destilliert.

Die Überlebenden aus der Urzeit haben auf allen Kontinenten den Jahrtausenden getrotzt, manche unter extremsten Bedingungen; sie haben Eiszeiten, geologischen Verschiebungen und der Ausbreitung des Menschen über die gesamte Erde standgehalten. Viele von ihnen sind so klein, dass man einfach über sie hinwegschreiten könnte, ohne es überhaupt zu merken. Andere wiederum sind so groß, dass man bei ihrem Anblick unweigerlich in Ehrfurcht erstarrt. Ich habe 30 verschiedene Arten fotografiert, von Flechten in Grönland, die in 100 Jahren nur einen Zentimeter wachsen, bis hin zu einzigartigen Wüstengewächsen in Afrika und Südamerika, einem räuberischen Pilz in Oregon, Hirnkorallen in der Karibik und einer 80 000 Jahre alten Kolonie von Zitterpappeln in Utah. Ich bin in die Antarktis gereist, um 5500 Jahre alte Moose aufzuspüren, und nach Tasmanien, um ein 43 600 Jahre altes Klongehölz zu fotografieren, das als Letztes seiner Art sowohl vom Aussterben bedroht als auch theoretisch unsterblich ist.

Diese ältesten Lebewesen sind Zeugen der gesamten Menschheitsgeschichte. Das Rad und die mesopotamische Keilschrift – Erfindungen, die den Beginn der Zivilisation markieren – sind vor etwa 5500 Jahren zum ersten Mal aufgetaucht, zur selben Zeit wie das Antarktische Moos auf Elephant Island. Alles, was vorher war, ist prähistorisch. Die 13 000 Jahre alte Palmer's Oak, eine Eiche im Industriegebiet von Riverside in Kalifornien, hat das Aussterben gigantischer Reptilien, von Vögeln und Säugetieren wie dem Riesenkondor, dem Mammut, dem Säbelzahntiger und sogar von den letzten Kamelen, die Nordamerika durchstreiften, miterlebt – Wesen, die für uns der Stoff von Science-Fiction-Filmen sind. Es ist erst 17 000 Jahre her, dass der vermutlich engste Verwandte des heutigen *Homo sapiens*, der *Homo floresiensis*, ausgestorben ist. Das ist keine lange Zeit.

Andere Lebewesen aus diesem Urzeit-Club folgen einem eher geologischen Weg: etwa Sträucher, Klonwälder, Seegraswiesen und Bakterien, die es Zehntausende Jahre vor der letzten Eiszeit bereits gab und die in manchen Fällen sogar älter sind als die Menschheit an sich. Die Antarktische Scheinbuche zum Beispiel, die heute in Queensland, Australien, zu finden ist, hat in milderen Zeiten die Antarktis bewohnt ... vor 180 Millionen Jahren. Als der Superkontinent Gondwana auseinanderbrach und es im Süden kälter wurde, wanderte die Antarktische Scheinbuche aus eigener Kraft nach Norden in verträglichere Klimazonen ab.

Ihr ursprünglicher Standort verschwand langsam, aber sicher, und ein Ausharren hätte ihren sicheren Tod bedeutet. Daher musste sich der Baum, ganz ähnlich wie gegenwärtige Klimaflüchtlinge, eine neue Heimat suchen. Schon dem Menschen fällt es schwer, sich zu entwurzeln und in einem neuen Land von vorne anzufangen. Man stelle sich vor, welches Ausmaß an Beharrlichkeit und Zusammenarbeit über Generationen hinweg notwendig sind, damit *Bäume* sich im Sinne der Selbsterhaltung auf eine derartige Reise begeben können. Pflanzen bewegen sich weitaus mehr aus eigenem Antrieb, als gemeinhin angenommen wird. Wurzel um Wurzel haben sich die Antarktischen Scheinbuchen nach dort ausgerichtet, wo sie hinmussten, um zu überleben. *Sind wir schon da?* Ihre ältesten noch lebenden Nachkommen sind 13 000 Jahre alt.

Welches ist das älteste Lebewesen der Erde? Derzeit nimmt man an, dass es die sibirischen Actinobakterien sind, die unterirdisch im Permafrost leben und zwischen 400 000 und 600 000 Jahre zählen. Die Kolonie wurde von einem Team von Astrobiologen entdeckt, die nach Anhaltspunkten für mögliches Leben auf anderen Planeten suchten, indem sie einen der unwirtlichsten Orte auf der Erde erforschten. Dabei fanden sie heraus, dass diese erstaunlichen Bakterien tatsächlich bei Temperaturen unter dem Gefrierpunkt DNA-Reparaturen durchführen, was bedeutet, dass sie keineswegs inaktiv sind; vielmehr sind sie seit einer halben Million Jahren lebendig und wachsen stetig.

Was bedeutet es, wenn das Organische mit dem Geologischen gleichauf ist? Wir fangen an, im selben Atemzug über die Erdgeschichte und unseren Alltag zu reden und auch alle dazwischenliegenden Stufen miteinzubeziehen. All diese Organismen sind lebende Relikte: Sie tragen unzählige Ebenen ihrer eigenen Geschichte in sich und berichten zugleich von Ereignissen aus der Natur- und Menschheitsgeschichte; Jahr für Jahr, Jahrtausend für Jahrtausend werden alte Kapitel mit neuen überschrieben. Betrachten wir sie im Rahmen der geologischen Zeitskala, dann wird das Bild umfassender, und wir erkennen, dass all diese Wesen eine eigene Geschichte haben und dass all diese Geschichten miteinander – und dementsprechend auch unweigerlich mit uns – zusammenhängen.

Wie haben diese Organismen so lange überlebt? Und warum? Die Wissenschaft hält nur für einzelne Antworten auf diese Fragen bereit, aber eine wissenschaftliche Disziplin der artenübergreifenden Langlebigkeitsanalyse ist so neu, dass sie noch gar nicht existiert. Wir wissen noch nicht, ob und, wenn ja, wie sich dieses beeindruckende Durchhaltevermögen auf die Dauer des menschlichen Lebens übertragen lässt. Doch während einige dieser uralten Wesen mit der Unsterblichkeit liebäugeln, haben wir allein innerhalb der letzten fünf Jahre zwei von ihnen verloren. Ich wünsche mir, dass die UNESCO jedes einzelne dieser Lebewesen zum Weltkulturerbe erklärt, denn sie verdienen unsere Achtung und unseren Schutz. Aber es ist der Klimawandel – dieses ultimative, schleichende Unheil, das inzwischen zweifelsfrei droht –, dem wir uns direkt entgegenstellen müssen, solange der Kampf noch zu gewinnen ist. Diese Organismen sind globale Symbole, die über alles, was uns Menschen trennt, hinausweisen.

Die ältesten Lebewesen der Erde ist eine Dokumentation und Anerkennung der Vergangenheit, ein Aufruf zum Handeln in der Gegenwart und ein Barometer für unsere Zukunft.

Hans Ulrich Obrist

DIE ZUKUNFT IST EIN KONSTRUKT AUS FRAGMENTEN DER VERGANGENHEIT

Kürzlich stellte mir John Brockman im Rahmen seiner jährlichen *Edge Question* die Frage: »Worüber sollten wir uns Sorgen machen?«

Meine Antwort lautete: »Das Aussterben.«

Wir sind heute mit vielen Facetten des Aussterbens konfrontiert, zum Beispiel mit dem Aussterben der kulturellen, sprachlichen und sozialen Vielfalt durch die Globalisierung. Vor allem aber ist das Aussterben eines der Hauptprobleme, die unser Ökosystem bedrohen. Jeden Tag, jede Stunde sterben auf der Erde Tier- und Pflanzenarten aus. In der Wissenschaft wird immer häufiger über das Aussterben der menschlichen Zivilisation oder gar der menschlichen Rasse schlechthin diskutiert. In seinem Buch *Unsere letzte Stunde* bezweifelt der Astronom Martin Rees, dass unsere Zivilisation auch nur die nächsten 100 Jahre überleben wird.

Das Gespenst des Aussterbens geht auch in den Geisteswissenschaften um. Für den Philosophen Ray Brassier ist die Unausweichlichkeit unseres endgültigen Aussterbens ein Thema von beträchtlichem philosophischen Interesse. Allein diese Unausweichlichkeit begründet nach Brassiers Meinung die ultimative Sinnlosigkeit der menschlichen Existenz, weshalb in seinen Augen die einzig vertretbare Reaktion der Philosophie nur darin bestehen kann, die radikal nihilistischen Implikationen dieser elementarsten aller Erkenntnisse ganz und gar anzunehmen und zu verfolgen. In seinem Buch *Nihil Unbound* (2007) schreibt Brassier: »Die Philosophie ist weder ein Medium der Affirmation noch eine Quelle der Rechtfertigung, sondern vielmehr das Organon der Auslöschung.« *Nihil Unbound* regt eine Auseinandersetzung mit der schlichten Tatsache an, dass die Natur dem Menschen gleichgültig gegenübersteht und wir als Spezies nur für kurze Zeit auf diesem Planeten existieren. Für Brassier ist »der Nihilismus ... die unvermeidliche Konsequenz der realistischen Überzeugung, dass es eine vom Geist unabhängige Wirklichkeit gibt, die unserer Existenz trotz des anmaßenden menschlichen Narzissmus gleichgültig gegenübersteht und von den ›Werten‹ und ›Bedeutungen‹, die wir ihr gerne überstülpen, um sie für uns erträglicher zu machen, nichts weiß«. Den meisten dürfte ein solch absoluter Nihilismus zu weit gehen, und natürlich gibt es auch noch andere Sichtweisen.

Der Künstler Gustav Metzger zum Beispiel hat das Aussterben zum zentralen Thema seiner Arbeit gemacht. Mit Werken, für die er sein immens großes Zeitungsarchiv ausschlachtet, betont er den Umstand, dass uns durch das ständige Sterben zahlloser Arten auf der Erde die Möglichkeit, dass auch die Menschheit ausstirbt, immer wieder neu aufgezeigt wird. Indem er Zeitungsberichte zum Thema Artensterben erneut präsentiert, beleuchtet Metzger das Problem unserer kollektiven Resignation angesichts der unerbittlichen Regelmäßigkeit solchen Verschwindens und unsere offenkundige Machtlosigkeit gegenüber der Hauptursache für dessen Beschleunigung in den letzten Jahren: dem Klimawandel. Metzger sagt dazu: »Die Erderwärmung ist etwas, an das die Menschen sich zu gewöhnen bereit und willens sind.« Im Laufe seiner inzwischen über 60-jährigen Karriere hat Metzger immer wieder darauf hingewiesen, dass das Voranschreiten des weltweiten Kapitalismus irreversible Auswirkungen auf die Erde und ihre Ressourcen hat. Und angesichts der unkontrollierten, explosionsartigen Verstärkung dieser Auswirkungen wird unser Überleben zu einer immer größeren Herausforderung, und die Bedrohung durch das Gespenst des Aussterbens wird immer unmittelbarer. Das Schicksal von Arten und Ökosystemen, letztendlich das Schicksal der Menschheit selbst, hängt in der Schwebe, und die Forderung nach sofortigen, global koordinierten Maßnahmen zum Stopp der fortschreitenden Umweltzerstörung kann nicht oft genug wiederholt werden. Das Thema Aussterben sollte uns heute mehr denn je beschäftigen.

Rachel Sussman begründet mit ihrem Archiv *Die ältesten Lebewesen der Erde* eine Art Gegenbewegung zu dem Schwerpunkt, den wir üblicherweise setzen, wenn wir über das Aussterben sprechen. Sie sucht nach lebendigen Organismen, die lange Zeiträume überdauert haben. Damit setzt sie der allgemeinen Angst vor dem Aussterben unabsichtlich etwas entgegen, denn sie lenkt den Blick auf das, was schon seit mindestens 2000 Jahren lebt; nach ihrer Vorgabe für dieses Projekt durften die vorgestellten Organismen nicht »jünger« als diese 2000 Jahre sein. Durch diese Einschränkung dehnt Rachel Sussman unser Bewusstsein von der Vergangenheit in ganz neue Dimensionen aus – und das in Zeiten, von denen der inzwischen verstorbene Eric Hobsbawm schrieb, »die moderne Gesellschaft ... kommt im Wesentlichen ohne ein Bewusstsein von der Vergangenheit aus; unsere üblichen Problemlösungsstrategien orientieren sich nicht an der Vergangenheit. Dennoch ist die Vergangenheit im Hinblick auf die Menschen und die Gesellschaft nicht unwichtig«[1]. Er betont die Relevanz des Vergangenen, indem er sagt, dass »im Grunde jeder in der Vergangenheit verwurzelt ist – in einer persönlichen Vergangenheit, in einer sozialen Vergangenheit –, dies auch weiß und sich dafür interessiert. Denn wenn man vergisst, was zuvor geschehen ist, dann ist man gezwungen, immer wieder die gleichen Fehler zu machen«[2].

Deshalb rief Hobsbawm das ins Leben, was er »den Protest gegen das Vergessen« nennt. Und genau darauf fußt Sussmans künstlerische Forschung, wenn sie die ältesten Lebewesen der Erde ausfindig macht. Warum nur auf das hinweisen, was vom Aussterben bedroht ist? Warum nicht auch daran erinnern, dass etwas eine so immens lange Zeit überdauert hat (was nicht bedeutet, dass es nicht bedroht ist, wie sie in ihrem Buch immer wieder betont)?

Rachel Sussman arbeitet an der Schnittstelle zwischen Kunst und Wissenschaft, denn sie steht in kontinuierlichem Kontakt mit Wissenschaftlern aus der ganzen Welt, die Lebewesen erforschen oder gar entdeckt haben, die Tausende von Jahren alt sind. Zugleich ist sie Künstlerin und hat ein Konzept: die ältesten Lebewesen der Erde zu finden. Was Sussman von anderen Konzeptkünstlern unterscheidet, ist der Umstand, dass ihre Forschung eng verwandt ist mit der Forschung eines Naturwissenschaftlers. Indem sie ein bestimmtes wissenschaftliches Problem verfolgt, das bisher tatsächlich übersehen worden ist, verschiebt sie den Schwerpunkt vorübergehend von der Darstellungsästhetik auf eine wissenschaftliche Recherche, die sie mithilfe von empirischer Feldforschung auf der ganzen Welt betrieben hat.

---

1 Aus: *032c Magazine 17* (Sommer 2009), http: 032c.com/2009/eric-hobsbawm/, Zugriff: 01. September 2013.

2 Ebd.

Sussman setzt naturwissenschaftliche Strategien und Werkzeuge nicht nur zu ästhetischen Zwecken ein; sie archiviert die Bilder der porträtierten Lebewesen, und darüber hinaus auch Diagramme und Karten. So entsteht aus den Ergebnissen ihrer Forschungsarbeit ein Archiv, das die Grundlage für etwas liefert, das in die Zukunft reisen wird. Die ältesten Lebewesen mögen rein formal gesehen vielleicht keine klare wissenschaftliche Kategorie darstellen, doch dafür bilden sie eine Kategorie, die durch Neugier, Menschlichkeit, Interesse an der Erdgeschichte und den Mut der Entdeckerin definiert wird.

Sussman selbst hat erkannt, dass ihre Rolle als Künstlerin darin besteht, »ein paar Fragen zu beantworten, aber noch viel mehr Fragen zu stellen«, und ich bin überzeugt, dass sie viel mehr Fragen ausgraben wird, wo immer sie Antworten findet, auf der ganzen Welt.

Carl Zimmer

WODURCH EIN LEBEN LANG WIRD

Es ist leicht, Mitleid mit dem Flaschentierchen zu haben. Dieses wirbellose, kegelförmige Wesen, so groß wie ein Mohnkorn, schwärmt millionenfach in Flüssen und Seen herum. Nach dem Schlüpfen benötigt es gerade mal drei Tage, um einen komplexen Körper zu entwickeln, mit einem Mund, einem Darm, Tastorganen und einem Gehirn. Nachdem das Flaschentierchen in nur 72 Stunden ausgewachsen ist, fängt es an, seine Eier abzulegen. Nach ein paar weiteren Tagen schwinden seine Kräfte, und es stirbt an Altersschwäche.

Ein ganzes Leben in eine Woche zu zwängen scheint zu den grausameren Kapriolen der Natur zu gehören. Dieser Eindruck entsteht jedoch nur, weil wir es gewohnt sind, unser eigenes Leben in Jahrzehnten zu bemessen.

Könnten die uralten Tiere und Pflanzen, die in diesem Buch gezeigt werden, auf unser Leben blicken, würden wir ihnen vielleicht auch leidtun. Wir Menschen staunen über Jeanne Calment, die als ältester Mensch der Welt gilt und von 1875 bis 1997 gelebt hat. Aber für eine 13 000 Jahre alte Eiche wie die Palmer's Oak sind die 122 Jahre, die Calment erreichte, so schnell vergangen wie ein Sommerurlaub.

Palmer's Oaks, Flaschentierchen und alle anderen Arten dazwischen sind das Ergebnis der Evolution. Die schwindelerregende Vielfalt des Lebens fügt sich zu einem Evolutionsbaum zusammen, der aus Abermillionen Ästen und Verzweigungen besteht. Zu den spektakulärsten Dimensionen dieser Vielfalt gehört die Langlebigkeit. Wenn die natürliche Auslese die Palmer's Oak mit mehreren Millennien versieht, warum kann sie für das Flaschentierchen nur eine einzige Woche Lebenszeit entbehren?

Seit den 1960er-Jahren suchen die Evolutionsbiologen nach einer übergreifenden Erklärung für die vielen unterschiedlichen Alterungsprozesse. Bisher sind die fundiertesten Theorien Varianten der altbekannten Wahrheit, dass ein Alleskönner auf keinem Gebiet ein Meister ist. Jeder Organismus hat eine endliche Menge an Energie zur Verfügung, ob es sich nun um einen Löwen handelt, der Gazellen tötet, um eine Tulpe, die Sonnenlicht aufnimmt, oder um eine eisenfressende Mikrobe auf dem Meeresgrund. Der Organismus kann diese Energie nutzen, um zu wachsen, Nachkommen zu zeugen, Krankheitskeime abzuwehren oder beschädigte Moleküle zu reparieren. Aber die Reserven sind begrenzt. Die Energie, die für eine Aufgabe verbraucht wird, steht für andere Aufgaben nicht mehr zur Verfügung.

Die Reparatur von Molekülen und die Abwehr von Krankheitserregern sind zwei gute Methoden, das Leben zu verlängern. Doch ein langlebiger Organismus, der nur wenige Nachkommen hervorbringt, wird nur wenige Kopien seiner Gene an künftige Generation weitergeben. Die erfolgreichsten Organismen sind daher diejenigen, die nur mittelmäßig gut darin sind, ihre Körper in Ordnung zu halten, und dadurch mehr Kraft haben, um Kinder zu zeugen.

Diese Rechnung liefert eine weitgehende Erklärung dafür, warum manche Arten lange leben und manche nur kurz. Sie gibt den Wissenschaftlern Hinweise, wie der Mensch mit den Lasten des Alterns besser zurechtkommen und zum Beispiel Alzheimer in den Griff bekommen könnte. Doch die Rechnung liefert nur eine Teilantwort auf die Frage, warum etwas so lange lebt, wie es lebt. Der Lebensraum der einzelnen Arten könnte dabei auch eine Rolle spielen. An manchen Orten ist das Leben vielleicht einfach langsamer. Die Entwicklungslinien mancher Lebewesen verlaufen eventuell abseits der Einschränkungen, denen viele Arten unterworfen sind. Sie entkommen so dem Tauschhandel, bei dem sie für die Kanalisierung der Lebensenergie in die eine oder in die andere Richtung ein Preis bezahlen müssen, und erhalten dadurch die Möglichkeit, länger zu leben.

Das gut gehütete Geheimnis ihrer Langlebigkeit macht die in diesem Buch vorgestellten Arten nur umso kostbarer und erhaltenswerter. Wenn man ein Lebewesen betrachtet, das Tausende von Jahren überdauert hat, ist dies eine Ehrfurcht gebietende Erfahrung, denn sie gibt uns das Gefühl, nicht viel mehr als nur Flaschentierchen zu sein. Noch beeindruckender ist es jedoch, die Verbindung zwischen uns und einer 13 000 Jahre alten Palmer's Oak zu spüren und sich die Frage zu stellen, warum sich so unterschiedliche Lebensspannen auf dieser Erde entwickelt haben.

Danksagung

Mein herzlicher Dank geht an jeden einzelnen Menschen, der mir im Laufe dieser viele Jahre dauernden und viele Kilometer umfassenden Reise geholfen hat: die Wissenschaftler, Forscher, Freunde und Fremden, die mit Ideen auf mich zugekommen sind, die Fremden, die unterwegs zu Freunden wurden, die Familien der Freunde von Freunden, die mich an entlegenen Orten bei sich beherbergt haben, all denen, die einen Kontakt hergestellt, ihr Hab und Gut mit mir geteilt, mir den Weg gewiesen oder mir bei manchen Problemen ein Schlupfloch gezeigt haben, *a little way through*, wie man im Englischen sagt. Verdammt, schon dieses Sprichwort war ein kleines Geschenk! Danke, Mara Bunn.

Ich danke meiner Familie: meinem Bruder Scott und meiner Schwägerin Lindsey, auf die ich mich jederzeit verlassen kann, meiner Mutter Shirley, weil sie meine beste Agentin ist und mir in finanziell unsicheren Zeiten Sicherheit gegeben hat, und meinen Schwestern Lisa und Sara sowie meinem Stiefvater Arthur für ihre unermüdliche Begeisterung.

Eine feste Umarmung geht an die Leute in der MacDowell Colony, vor allem an Cheryl Young und David Macy, die mir damals, im Jahr 2005, die Zuversicht und den Mut gegeben haben, mich voll und ganz meiner Kunst zu widmen, und die im Sommer 2013 so großzügig waren, mir einen Platz anzubieten, an dem ich den Text zu diesem Buch fertigstellen konnte. Nirgendwo anders auf der Welt wäre ich lieber gewesen.

Dank an all die tollen Leute bei TED: vor allem an Bruno Giusanni, der mich eingeladen hat, auf der TED-Bühne zu sprechen, und an Amy Novogratz, Dan Mitchell, Kelly Stoetzel und Chris Anderson sowie die TED-Community, die mich bis heute auf unermessliche Weise inspiriert und meinen Horizont erweitert. Dank an alle bei der Long Now Foundation, ganz besonders an Kevin Kelly für sein so früh ausgesprochenes Vertrauen. Dank an die Stipendiengeber des AOL-Förderprogramms 25 for 25 Artists and Innovators, an Paige West und die West Collection, David de Rothschild und die Sculpt the Future Foundation und an Sven Lindblad und Lindblad Expeditions (ohne die ich vermutlich immer noch versuchen würde, in die Antarktis zu gelangen).

Ich danke Jerry Saltz dafür, dass er mich ermutigt hat, Mauern einzureißen, die eingerissen werden mussten, Maria Popova für ihre unerschütterliche Unterstützung, Tina Roth Eisenberg, die meine Arbeit als Erste bekannt gemacht hat, und Mark Hurst von der GEL Conference, der mich als Erster überredet hat, vor Publikum über das Projekt zu reden. Vielen Dank an jeden Einzelnen und jede Einzelne, die mich 2010 über Kickstarter unterstützt haben, sowie an meine Förderer beim Brooklyn Arts Council. Dank an die Mac Group für das Tunen meiner treuen Mamiya 7 II nach ein paar besonders rauen Abenteuern und für die Ausstattung mit dringend benötigtem Equipment. Dank ebenso an die Firma Patagonia, die dafür gesorgt hat, dass ich in der Antarktis warm genug eingepackt war.

Ich hebe mein Glas und trinke auf Christina Costello vom MoMA, die mit scharfem Blick und unermüdlich – vor allem immer gut gelaunt – in zahllosen Stunden Tausende von Fotos gesichtet, ausgewählt und bearbeitet hat. Mein Dank gilt darüber hinaus dem Team der University of Chicago Press, das dieses umfangreiche und komplexe Projekt in eine konkrete Form gebracht hat, besonders Jill Shimabukuro und Carol Saller, Caroline Zimmermann, die den Anstoß dazu gab, und Katherine Flynn, die es bis zum Schluss begleitet hat. Außerdem Alex Goldmark, Debbie Millman, Claire Mysko, Agnieszka Gasparska und Ruben Gutzat – danke, dass ihr dabei wart, nicht weil ihr musstet, sondern weil ihr wolltet. Sunny Bates, Andrew Roffman, Tonia Steed und Vic Bondi, Manu Lusch und Mukul Patel, David Rowan, Bettina Korek, Robert Elmes, Katherine Keating, die gesamte Familie Todd mit Anhang, Joan Borinstein, Charlie Melcher, Sharon Ann Lee: Danke, dass ihr die ganze Zeit für mich da gewesen seid. Eure Hilfe, eure Ratschläge und eure Freundlichkeit waren unsagbar wichtig.

Last but not least danke ich Mimi Oka und Jun Makihara für die Einladung nach Japan, durch die dieses Projekt überhaupt erst in Gang gesetzt wurde, und Jason Grayston und Maki Ito, die durch ihren Entschluss, sich mit einer einsamen Reisenden zu unterhalten, dazu beigetragen haben, dass mein Leben einen ganz neuen Kurs genommen hat.

ÜBERSICHTSKARTE

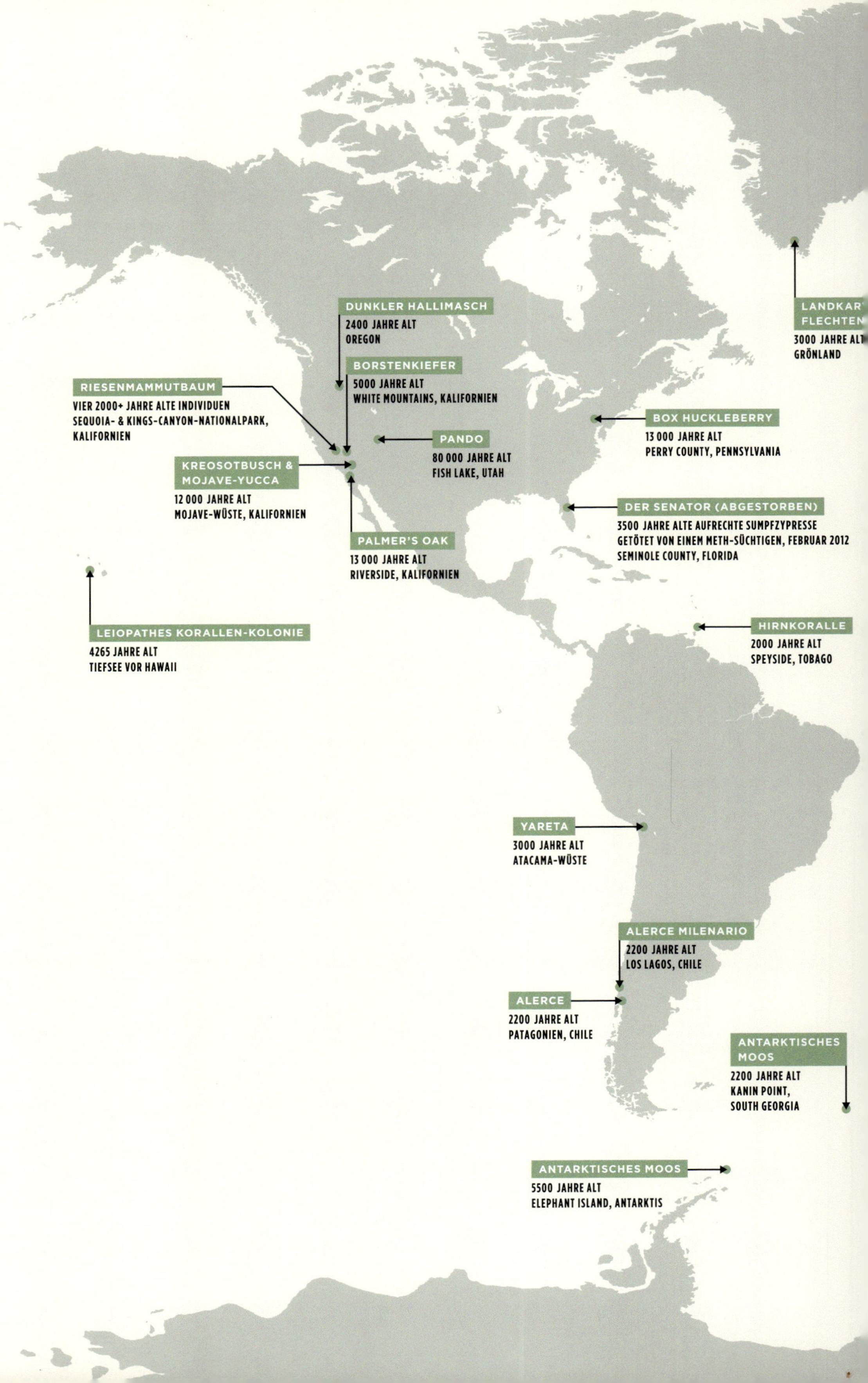

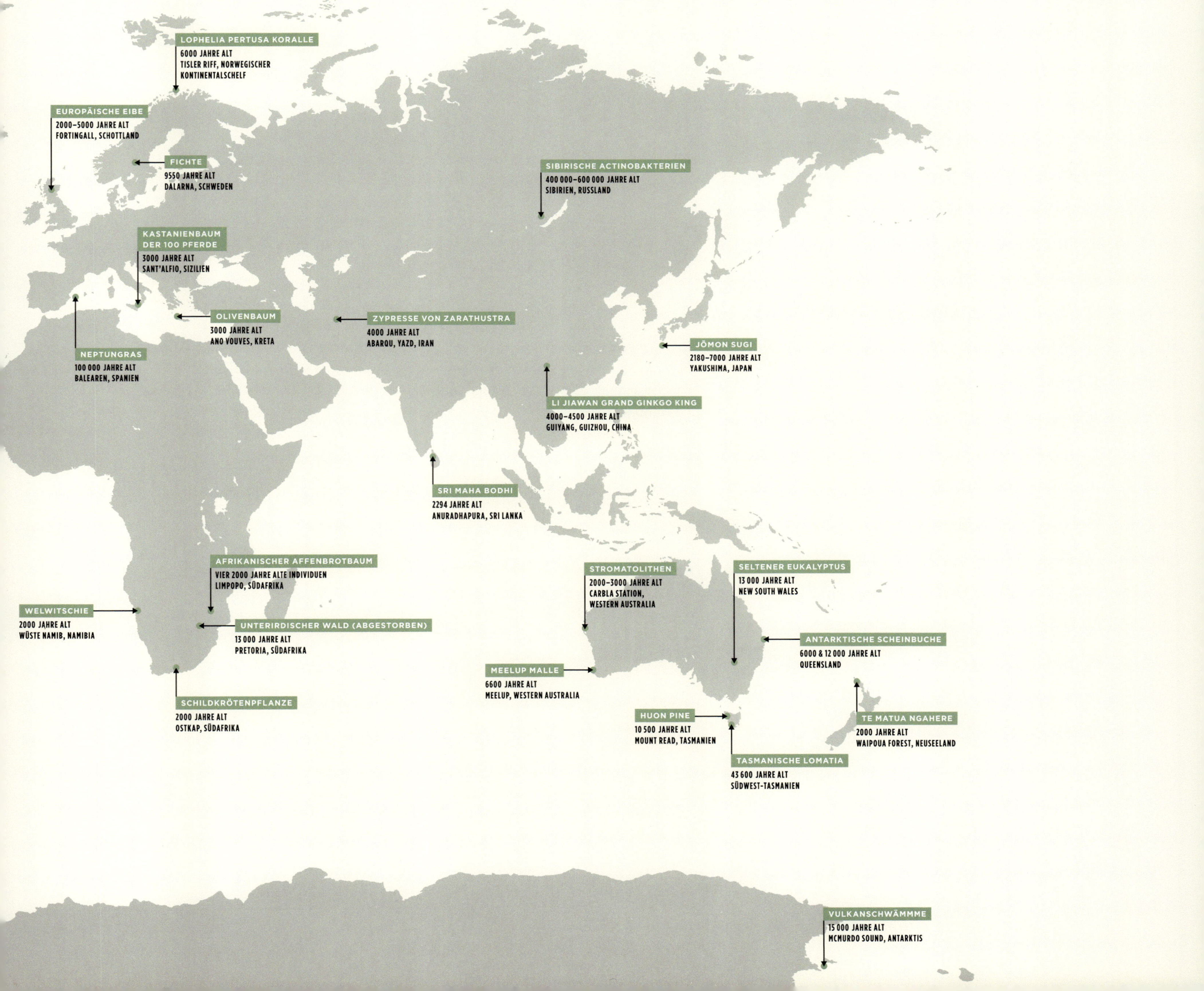

LOPHELIA PERTUSA KORALLE
6000 JAHRE ALT
TISLER RIFF, NORWEGISCHER KONTINENTALSCHELF
EUROPÄISCHE EIBE
2000–5000 JAHRE ALT
FORTINGALL, SCHOTTLAND
FICHTE
9550 JAHRE ALT
DALARNA, SCHWEDEN
SIBIRISCHE ACTINOBAKTERIEN
400 000–600 000 JAHRE ALT
SIBIRIEN, RUSSLAND
KASTANIENBAUM DER 100 PFERDE
3000 JAHRE ALT
SANT'ALFIO, SIZILIEN
OLIVENBAUM
3000 JAHRE ALT
ANO VOUVES, KRETA
ZYPRESSE VON ZARATHUSTRA
4000 JAHRE ALT
ABARQU, YAZD, IRAN
JŌMON SUGI
2180–7000 JAHRE ALT
YAKUSHIMA, JAPAN
NEPTUNGRAS
100 000 JAHRE ALT
BALEAREN, SPANIEN
LI JIAWAN GRAND GINKGO KING
4000–4500 JAHRE ALT
GUIYANG, GUIZHOU, CHINA
SRI MAHA BODHI
2294 JAHRE ALT
ANURADHAPURA, SRI LANKA
AFRIKANISCHER AFFENBROTBAUM
VIER 2000 JAHRE ALTE INDIVIDUEN
LIMPOPO, SÜDAFRIKA
STROMATOLITHEN
2000–3000 JAHRE ALT
CARBLA STATION, WESTERN AUSTRALIA
SELTENER EUKALYPTUS
13 000 JAHRE ALT
NEW SOUTH WALES
WELWITSCHIE
2000 JAHRE ALT
WÜSTE NAMIB, NAMIBIA
UNTERIRDISCHER WALD (ABGESTORBEN)
13 000 JAHRE ALT
PRETORIA, SÜDAFRIKA
ANTARKTISCHE SCHEINBUCHE
6000 & 12 000 JAHRE ALT
QUEENSLAND
MEELUP MALLE
6600 JAHRE ALT
MEELUP, WESTERN AUSTRALIA
SCHILDKRÖTENPFLANZE
2000 JAHRE ALT
OSTKAP, SÜDAFRIKA
HUON PINE
10 500 JAHRE ALT
MOUNT READ, TASMANIEN
TE MATUA NGAHERE
2000 JAHRE ALT
WAIPOUA FOREST, NEUSEELAND
TASMANISCHE LOMATIA
43 600 JAHRE ALT
SÜDWEST-TASMANIEN
VULKANSCHWÄMMME
15 000 JAHRE ALT
MCMURDO SOUND, ANTARKTIS

Einleitung

KREATIVER ANSTOSS

Ich war unruhig, ohne genau zu wissen, warum. Das Gefühl wurde verstärkt durch den Umstand, dass ich zum ersten Mal in Japan war und die Sprache – von ein paar Höflichkeitsfloskeln und alltäglichen Phrasen einmal abgesehen – nicht sprach. Das heißt, bis auf eine etwas abwegige Redewendung, die besser in eine vergangene Epoche gepasst hätte: *fundoshi o shimete*, zu Deutsch: »Zieh dein Lendentuch fest!« Das entspricht in etwa dem Rat des wohlmeinenden Großvaters, der einem ein »Kopf hoch und nur nicht schlappmachen!« mit auf den Weg gibt. Es war im Sommer 2004, und ich reiste mehr oder weniger planlos mit einem einzigen Ziel herum: Fotografien von der sensiblen Beziehung von Mensch und Natur zu machen. Ich hatte gerade einen Artist-in-residence-Aufenthalt bei der Cooper Union hinter mir, und nach einer ruhigen Woche in Tokyo, wohin mich Freunde eingeladen hatten, lief ich nun auf eigene Faust durch die windigen Straßen von Kyoto. Trotz der stillen Schönheit der Tempel und Gärten war ich etwas ernüchtert vom Anblick der vielen Kinko-Läden und Starbucks-Cafés, die das Stadtbild durchzogen. Ich wollte aus diesem quasi-historischen Ort etwas herauskitzeln, ohne zu wissen, was das sein sollte – so, als suchte ich nach einer Antwort, ohne überhaupt die Frage zu kennen.

Ich fühlte mich derart uninspiriert (oder vielleicht einfach unbehaglich), dass ich schon daran dachte, meine Reise abzukürzen. So etwas sieht mir eigentlich gar nicht ähnlich, denn es hat mich immer an unbekannte und fremde Orte gezogen. Eine Anregung aus mehreren, von einander unabhängigen Quellen brachte mich auf eine Idee. Man schlug mir vor, den Jōmon Sugi anzuschauen, einen angeblich 7000 Jahre alten Baum auf der abgelegenen Insel Yakushima, die eine mehrstündige Bootsfahrt vom südlichsten Punkt Kyushus entfernt liegt. Nach der Ankunft auf der Insel muss man noch zwei volle Tage wandern, um den Baum zu erreichen. Das klang verlockend. Ich erlaubte mir, nach Hause zu fliegen, entschied mich jedoch fast im selben Augenblick, noch nicht aufzugeben. Ich sprach mir selbst Mut zu, packte meine Sachen und fuhr nicht nach Hause, sondern in die entgegengesetzte Richtung.

Die Bahnstrecke endet in Kagoshima, und am nächsten Morgen bestieg ich die Fähre nach Yakushima. Unterwegs sprach mich ein Paar (sie Japanerin, er Kanadier) an, das sich wunderte, was eine *gaijin* wie mich an diesen abgelegenen Ort führte, den zwar viele kennen, aber nur wenige tatsächlich besuchen. Ausländer schon gar nicht. Wo ich übernachten würde und wie ich zu dem Baum kommen wollte, fragten sie mich und beäugten meinen Rollkoffer. Auf dem Weg zum anderen Ufer hatten sie mich eingeladen, bei der Familie zu wohnen, die sie besuchen wollten, und sie hatten beschlossen, mich zu dem uralten Baum zu begleiten – oder vielmehr, mich zu ihm zu führen. Man gab mir einen Schlafplatz, lieh mir Rucksack und Schnorchelausrüstung und tischte gegrillte *onigiri* auf. Wir unterhielten uns über das Leben, Reisen und Politik. Meine Gastgeber fanden meine Angst vor der *wirklich* großen Spinne, die in ihrem Badezimmer wohnte, urkomisch.
Dann folgte eine Wanderung durch ein Biosphärenreservat der UNESCO, mit den dort heimischen Rehen, Affen, Meeresschildkröten und wilden Rhododendren, dem dichten, subtropischen Regenwald und dem sehr japanischen Versuch der Waldarbeiter, Ordnung in die in alle Richtungen sprießende Vegetation zu bringen. Es war auf amüsante Art unbehaglich, eingezwängt zwischen meinen neuen Freunden und einem ernsten, schnarchenden Gentleman (und vielen anderen Wanderern, die Schutz vor dem Dauerregen suchten) auf dem Fußboden einer Hütte zu schlafen. Und schließlich die Begegnung mit der stillen, kraftvollen Schönheit der uralten Japanischen Zeder, oder *sugi*, die nach der gleichnamigen historischen Epoche vor 7000 Jahren *jōmon* genannt wird. Ich bestaunte den steil aufragenden Baumstamm von der Aussichtsplattform aus. Wir ließen den Anblick auf uns wirken – den massiven Stamm, die knorrigen Äste, die tiefen Furchen der jahrtausendealten Borke – und setzten dann unsere Wanderung fort, um auf die andere Seite der Insel zu gelangen. Auch wenn ich in diesem Moment keine mystische Erleuchtung oder so etwas verspürte, wusste ich doch, dass sich mir durch die Fortsetzung meiner Reise und das damit verbundene Wagnis neue Möglichkeiten eröffnet hatten, die jenseits meiner bisherigen Erfahrung und auch jenseits aller Vorhersehbarkeit lagen.

Dann kehrte ich nach New York und zu meiner Arbeit als Produzentin für interaktive Medien zurück. Ich absolvierte ein weiteres Artist-in-Residence-Programm, diesmal in der MacDowell Colony, in die ich acht Jahre später zurückkehren sollte, um an diesem Buch zu arbeiten. Durch diesen Aufenthalt verstärkte sich mein Gefühl, dass etwas in Bewegung geraten war, das ich nicht genau benennen konnte. Aber ich wollte unbedingt herausfinden, was es war. Ich wurde rastlos. Ich wechselte den Arbeitsplatz. Eines Abends, mehr als ein Jahr nach meinem Abenteuer, aß ich in SoHo mit Freunden in einem thailändischen Restaurant. Ich erzählte ihnen von meinen Erlebnissen, und plötzlich entspann sich zwischen all diesen faszinierenden Komponenten eine lebendige Verbindung.

Gleich nach dem Essen eilte ich nach Hause und begann noch am selben Abend mit der Arbeit an *Die ältesten Lebewesen der Erde*.

PARAMETER

Es ist kein Zufall, dass die hier vorgestellten Organismen alle 2000 Jahre alt oder älter sind – ich habe diese Zahl aus einem ganz bestimmten Grund gewählt: Es ist schlicht bemerkenswert, dass die Menschen etwa 200 000 Jahre nach dem Entstehen unserer Spezies zu der allgemeinen Übereinkunft kamen, dass die Uhr neu gestellt werden muss. (Stichwort George Carlin: »In welchem Jahr wurde Jesus eigentlich *seiner* Meinung nach geboren?«) Natürlich verlief der Prozess nicht einmal annähernd so reibungslos. Der Buddhistische Kalender begann schon etwa 500 Jahre früher. Der Jüdische Kalender nahm seinen Anfang im Jahre 3750 vor Christus, und der Chinesische begann etwa 2637 Jahre vor Christus, benutzte jedoch ein auf 60 basierendes Zählsystem mit etlichen Einfügungen und regionalen sowie vom Kaiser bestimmten Abweichungen, was eine verlässliche, kontinuierliche Zählung unmöglich macht. Der Kalender der Maya wiederum endete im Jahr 2012. Die Long Now Foundation fügt vorne noch eine Null hinzu (z. B. 02014).

Vielleicht sollten wir es rein geologisch angehen: Ein frohes 4 500 002 014 allerseits. So ungefähr.

Nach der Festlegung der Untergrenze galt es als Nächstes zu definieren – für mich als Künstlerin im Hinblick auf dieses Projekt –, was für mich »kontinuierlich am Leben sein« bedeutete. Aus philosophischer Sicht war der Gedanke des Überdauerns auf der individuellen Ebene die wichtigste Überlegung, denn wir haben von Natur aus eine Beziehung zum Konzept des

Selbst. Aber sobald ich mich mit der wissenschaftlichen Sicht befasste, lagen die Dinge – ähnlich wie bei den Zeiträumen – plötzlich nicht mehr so klar auf der Hand. Einzelorganismen – wie ein Baum – sind nicht schwer einzuordnen. Mit dem Begriff der »Klonkolonien« verhält es sich schon komplizierter. Diese Individuen, die manchmal als »vegetativ wachsend« oder »selbstaussäend« bezeichnet werden, sind in der Lage, sich selbst zu »klonen«, wenn man so will, anstatt sich geschlechtlich fortzupflanzen (z. B. bei blühenden Pflanzen durch Bestäubung). Dabei ist es nicht zwangsläufig so, dass die Organismen sich nicht geschlechtlich fortpflanzen *können*; es scheint nur in manchen Fällen einfacher zu sein, es selbst zu machen, als sich erst einen passenden Partner zu suchen. Mit anderen Worten: Diese Individuen erzeugen neue Triebe, Stämme oder Wurzeln, ohne dabei neues genetisches Material von außen zu verwenden. Der frische Wuchs ist folglich genetisch identisch mit – und zugleich Teil von – dem ursprünglichen Organismus; ein Prozess, der endlos fortgesetzt werden kann beziehungsweise so lange, wie die Umweltfaktoren es zulassen. (Das ist gemeint, wenn Klone als theoretisch unsterblich bezeichnet werden.) Obwohl die Analogie nicht perfekt ist, ist es zum besseren Verständnis hilfreich, an den eigenen Körper zu denken: Auch wenn uns nicht spontan neue Gliedmaßen wachsen, sterben doch alle Zellarten in unserem Körper – mit Ausnahme der Nervenzellen – immer wieder ab und werden erneuert. Unser Leben lang ist unser Körper voller neuer Zellen, die wir zum Zeitpunkt unserer Geburt noch nicht hatten, und doch bleiben wir genetisch gesehen immer dieselbe Person.

Die Altersangaben der Objekte sind in diesem Buch oft gerundet, und bei einigen ist eine Spanne angegeben. Das rührt daher, dass es sich oftmals um Schätzungen handelt. Besonders bei klonalen Organismen wissen wir, dass sie ein bestimmtes Mindestalter haben, möglicherweise aber auch wesentlich älter sind. Die Altersbestimmung erfolgt zudem bei unterschiedlichen Arten mithilfe unterschiedlicher Methoden.

Um zu erklären, welche Objekte ich in dieses Buch aufgenommen habe, möchte ich zunächst erläutern, welche ich von vornherein ausgeschlossen habe. Pyramiden kommen in diesem Buch nicht vor, weil sie nicht lebendig sind. Sie können sich nicht vorstellen, wie oft ich danach gefragt worden bin. Mein Buch enthält auch weder Eis noch Stalagmiten oder Stalaktiten, die man im philosophischen oder auch physischen Sinne natürlich als »lebendig« bezeichnen könnte, aber ich habe sie ausgeschlossen, weil sie keine DNA besitzen. 2000 Jahre alte Wale oder Schildkröten gibt es nicht, aber wenn es sie gäbe, dann wären sie

Horsetails

in diesem Buch enthalten. Es reicht auch nicht aus, einfach eine primitive Art zu sein. Obwohl der Schachtelhalm – den man ähnlich wie Moose und Farne als »lebendes Fossil« bezeichnet – zum Beispiel eine außergewöhnliche, bis ins Präkambrium zurückreichende Abstammungslinie aufweist, gibt es doch keine Individuen mit sehr langer Lebensdauer. Ich habe auch keine Organismen aufgenommen, die längere Phasen des Scheintods oder der nicht-saisonbedingten Dormanz durchlaufen haben, und keine uralten Samenschoten, die man mit einigen Tricks wieder zum Keimen gebracht hat. Ebenso wenig bin ich an den größten/kleinsten/jüngsten Lebewesen interessiert. Es geht mir nicht um Superlative schlechthin.

Ich habe meine Forschung und Suche ganz bewusst auf Lebewesen beschränkt – sowohl Einzelorganismen als auch Klonkolonien –, die seit mindestens 2000 Jahren kontinuierlich leben. Das Thema der artenübergreifenden Langlebigkeit als Künstlerin ohne eine routinierte wissenschaftliche Methodologie anzugehen hat sich letztendlich als Segen erwiesen. Anfangs suchte ich nach einem Partner aus der Wissenschaft, aber ich hatte nicht bedacht, dass die meisten Wissenschaften zu hoher Spezialisierung neigen, während mein eigenes Vorhaben sehr breit gefächert und zudem noch ganz undefiniert war. Nachdem ich mit einigen Evolutionsbiologen über eine mögliche Zusammenarbeit gesprochen hatte, bezeichneten sich die Betreffenden trotz ihrer Begeisterung für mein Projekt schließlich selbst als ungeeignet.

Ehe ich mich also auf Motivsuche begeben konnte, musste ich zunächst einmal herausfinden, was eigentlich meine Motive waren. Listen von alten Bäumen zu finden war leicht, aber es existierte keine artenübergreifende Liste alter Lebewesen, die meine Kriterien erfüllte. Ich stückelte sie mir selbst zusammen, zunächst mithilfe einer kreativen Google-Suche, anschließend, indem ich mich in die Arbeit von Wissenschaftlern aller möglichen Fachgebiete und Spezialisierungen vertiefte. Die Liste wurde immer länger – und zwischendurch auch wieder kürzer –, je mehr ich dabei lernte. Es ist ein fließender und bis heute andauernder Prozess. Am besten funktionierte es, wenn ich veröffentlichte, von Experten verifizierte Studien fand und anschließend noch deren Autoren auftreiben konnte. In den meisten Fällen haben die Verfasser mich gern an ihrer Arbeit teilhaben lassen und mich oft sogar eingeladen, sie bei ihren Feldforschungen zu begleiten. Ich hätte den Reichtum ihrer Arbeit und ihrer Erfahrung nicht mal ansatzweise verstanden, wenn ich mich darauf beschränkt hätte, ihre Studienberichte zu lesen.

Ich habe zwar versucht, so akkurat wie möglich zu sein und meine Behauptungen, wo es ging, durch Forschungsergebnisse zu untermauern, aber es ist nicht auszuschließen, dass ich etwas falsch verstanden oder falsch interpretiert habe. Außerdem sollte man bei der Lektüre dieses Buches bedenken, dass die Forschung noch nicht abgeschlossen ist. Die Forschung ist eigentlich nie abgeschlossen. Wenn Sie das hier lesen, könnten die Dinge bereits anders sein. Neue Fakten oder Zahlen wurden vielleicht entdeckt oder alte Methoden verworfen. Wie der Physiker Freeman Dyson gesagt hat: »Alle Wissenschaft ist unsicher und steht unter Vorbehalt. Ihr Ruhm besteht darin, sich mehr vorzustellen, als bewiesen werden kann.«

Mir war es wichtig, ein Kunstprojekt zu machen, bei dem die Wissenschaft nicht nur »benutzt« wird. Die besten Projekte an der Schnittstelle zwischen Kunst und Wissenschaft sind eine Bereicherung für beide Disziplinen und bringen in beide etwas Neues ein; es geht darin nicht nur um die Ästhetik der Forschung oder die Produktion von Kunstwerken mit wissenschaftlichen Instrumentarien. Konzeptuell konnte ich die wissenschaftliche Arbeit, die die Forscher selbst interessant und wertvoll finden, für ein Projekt nutzen und mich dennoch außerhalb der konventionellen wissenschaftlichen Methodik bewegen. Künstler und Naturwissenschaftler eint vielleicht mehr, als sie trennt. Beide suchen nach Antworten – wenn nicht gar nach der Wahrheit – und hoffen, etwas zu finden, zu erfinden oder herzustellen, das alte Denkweisen erschüttert und auf der Welt einen bleibenden Eindruck hinterlässt. Künstler wie Wissenschaftler verfolgen analytische und synthetische Ansätze, gehen Risiken ein und begeben sich gedanklich auf unbekanntes Terrain. In beiden Disziplinen gibt es viele glückliche Zufälle. Ich sehe meine Rolle als Künstlerin darin, ein paar Fragen zu beantworten, aber noch viel mehr Fragen zu stellen. Ich kenne viele Wissenschaftler, die von sich das Gleiche sagen.

Die meisten meiner Fotos wurden mit einer 6 × 7 Mittelformatkamera unter ausschließlicher Verwendung natürlicher Lichtquellen aufgenommen. Ich mache großformatige Abzüge, deren physische Präsenz die Lebensgröße der Objekte für die Betrachter imitiert, während sie zugleich die eigentliche Größe des dargestellten Organismus verschleiern. Der Titel jedes Bildes ist ein handschriftlicher Verweis auf die Tradition des Notizen-Machens in der wissenschaftlichen Feldforschung und gehört zum Werk dazu. Jeder Titel enthält außerdem den Namen des Organismus, das Aufnahmedatum, die Katalognummer, das Alter und den Standort.

Obwohl bekannt ist, dass in prähistorischen Kulturen frühe Formen naturwissenschaftlicher Forschung existiert haben, hat sich die heutige Naturwissenschaft erst im 19. Jahrhundert als eigene Disziplin herausgebildet. Die Kunst hingegen war für den Menschen schon in seinen früheren Entwicklungsstadien wichtig. Die Neandertaler benutzten bereits vor 250 000 Jahren Ockerpigmente zu Dekorationszwecken, und viele unserer ältesten Funde sind Höhlenmalereien und Musikinstrumente. Hegel hat die Theorie entwickelt, dass die Welt sich selbst im Laufe der Zeit immer besser kennenlernt. Vielleicht ist die Kunst eine Illustration genau dieses Gedankens: die kollektive kreative Verkörperung der Welt, die sich selbst kennenlernt. Aus der Verbindung von Evolution und Bewusstsein entsteht Kultur.

ZEIT/REISEN

Meine erste geplante Expedition außerhalb der USA führte mich nach Afrika. Im Krüger-Nationalpark in Südafrika war eine bewaffnete Eskorte erforderlich, um Löwen oder andere aggressive Raubtiere, die sich möglicherweise annähern konnnten, während ich einen Affenbrotbaum fotografierte, zu vertreiben. Als ich später in Namibia eintraf, stellte ich als Erstes fest, dass die Forscher, die mich zu der Welwitschie-Pflanze führen sollten, nach Angola gereist waren und ich mir spontan etwas anderes einfallen lassen musste, um den Weg dorthin zu finden.

Manche Missgeschicke sind absehbar. Lästige Sachen wie Bisse von Blutegeln in Australien oder der Schnitt an einer Koralle in Tobago (anschließend lebte monatelang eine Koralle in meinem Bein) erinnern einen daran, dass man etwas Außergewöhnliches tut. Andere Zwischenfälle erfordern schnelle Hilfsmaßnahmen, zum Beispiel der Handgelenkbruch, den ich mir in einem abgelegenen Teil Sri Lankas zuzog. Es gab auch Momente echter Gefahr, etwa als ich mich allein in Grönland verlief und keine Möglichkeit hatte, mit der Außenwelt Kontakt aufzunehmen. Meine Reisen waren aber auch erfüllt von herrlichen und besonderen Erlebnissen, wunderbaren (und ja, manchmal auch unglücklichen) Menschen und den Sehenswürdigkeiten, Geräuschen und Gerüchen von Orten, von denen ich nicht gedacht hätte, dass ich je dort hinkommen würde. Immer wieder wurde ich zudem mit meinen Ängsten konfrontiert, angefangen mit der Angst, alleine den Pan American Highway zu befahren, der Furcht vor tiefem Wasser, als ich das Tauchen lernte, bis hin zu meiner Angst beim Überqueren der Drake-Straße – die zu den gefährlichsten Gewässern der Erde gehört –, als ich mich

Trout blood and glacial stream

IGALIKU FJORD, GRÖNLAND

auf dem Weg in die Antarktis befand und zum allerersten Mal die Nacht auf hoher See verbrachte.

Andere Abenteuer waren eher akademischer Natur. So brach ich zuerst mein Studium zum Master of Fine Arts und dann ein Doktorandenprogramm ab, weil ich mir die Weisheit zu eigen gemacht hatte, die Mark Twains Sinnspruch innewohnt, man solle niemals zulassen, dass die Schule der eigenen Bildung im Wege stehe. Auch finanzielle Herausforderungen hat es gegeben. Ich bin nicht wohlhabend. Es entsteht ein gewisser gedanklicher Widerspruch, wenn man auf der einen Seite Thema eines Features im *Wall Street Journal* ist, auf der anderen Seite aber seine Miete nicht bezahlen kann. Dennoch war es mir unmöglich, diese Arbeit *nicht* zu machen.

Manchmal war es auch gar nicht mein Vorhaben als solches, sondern eher ein Begleitumstand, der mir die tiefgreifendsten Erlebnisse bescherte.

In Grönland ging ich 2008 mit dem Archäologen Martin Appelt und seinen Kollegen in einem klaren und kühlen Gletscherbach fischen. Wir hatten großen Hunger und wollten uns unser Abendessen fangen. Der Bach war so voll mit riesigen Forellen, dass es sich anfühlte, als habe man eine Zeitreise gemacht und bekäme jetzt eine Ahnung davon, wie es auf unserem Planeten ausgesehen haben muss, ehe die Menschen ihn überrannt haben. Ich warf ein Netz aus und fing auf Anhieb zwei Stück. Die Männer setzten noch eins drauf und fingen die Fische mit bloßen Händen. Appelt war der Erste, der eine Forelle an einem Felsen fixierte und sie dann mit einer einzigen fließenden Bewegung an die Wasseroberfläche hochschob und flugs an Land schleuderte. Dann rief er mich zu sich: Wenn ich diesen Fisch essen wollte, dann musste ich auch in der Lage sein, ihn zu töten. Die Situation war mir nicht ganz geheuer. Hier wurde meine Nahrungsketten-Philosophie auf die Probe gestellt. Als Teenager und auch noch mit Anfang 20 war ich strenge Vegetarierin gewesen, aber nachdem ich mich eine Zeitlang körperlich nicht gut gefühlt hatte, setzte ich Fisch und Meeresfrüchte wieder auf meinen Speiseplan. Ich wollte nichts essen, was ich selber nicht töten konnte (oder wollte), aber Fische zu töten erschien mir mit Blick auf die Nahrungskette noch einigermaßen akzeptabel. Redete ich mir jedenfalls ein. Also nahm ich einen Stein in die Hand und versetzte der Forelle einen ungeübten Schlag auf den Kopf, und dann noch einen. Appelt erledigte den Rest.

Es ist ein Geschenk, wenn man mit seinen Grundsätzen konfrontiert wird und sie in der Praxis erproben kann, ganz egal, um welche es sich handelt. Ein solches Erlebnis mag sich in einem fremden Land abspielen, aber die Erfahrung nimmt man auf jeden Fall mit nach Hause.

Ich schaue zurück und muss beim Gedanken an eine Zeit lachen, in der ich geglaubt habe, ich würde niemals in die Antarktis reisen, weil es dort zu kalt ist. Schließlich bin ich nicht nur hingefahren, sondern bin, als ich erst einmal dort war, sogar buchstäblich eingetaucht: Ich habe mich einem antarktischen Initiationsritus unterzogen und ein Eisbad genommen. Kopfüber und nur mit einem Badeanzug bekleidet, bin ich in den Antarctic-Sund gesprungen und durch den Kälteschock erst etliche Augenblicke später wieder aufgetaucht; das Wasser war spürbar schwer und beinahe zähflüssig bei –1°C. Das Ausmaß meiner Ehrfurcht sowohl vor dem Moos, nach dem ich dort suchte, als auch vor den ersten Entdeckern, die sich in dieses furchterregende, unbekannte Terrain vorgewagt haben, ist kaum in Worte zu fassen. Die Antarktis und South Geogia gehören heute zu meinen Lieblingsorten auf der Erde, zusammen mit Grönland und Namibia. Das sind großartige Landschaften, die ich normalerweise wohl nie zu Gesicht bekommen hätte. Jede vermittelt einem auf ihre eigene Art das Gefühl, sich auf einer Zeitreise zu befinden: Als Fenster zu dem, was die Erde einst gewesen sein muss, erzeugen sie einen Schmerz – eine nostalgische Sehnsucht nach etwas Umwerfendem, unvorstellbar Schönem, das für immer verloren gegangen ist – und wecken gleichzeitig die Hoffnung, dass wir einige Schäden, die wir angerichtet haben, noch reparieren könnten.

Aber ähnlich wie im tiefen Wasser kann man auch in den Tiefen der Erdgeschichte nur unter großer Anstrengung verweilen. Wir werden immer wieder zurück an die Oberfläche gezogen, weil wir mit unseren gegenwärtigen Gedanken und Bedürfnissen beschäftigt sind. Zu diesen Organismen, die seit mindestens 2000 Jahren am Leben sind, eine Beziehung herzustellen soll allerdings unsere Erfahrungen und Erlebnisse im Hier und Jetzt nicht schmälern, sondern vielmehr das Gegenteil bewirken. Betrachten wir die Erde durch die Augen dieser uralten Lebewesen und schaffen so eine Verbindung zu den tiefsten Schichten der Erdgeschichte, dann werden wir vielleicht in die Lage versetzt, durch die veränderten Maßstäbe unseren Horizont für eine Weile erheblich zu erweitern und alles im größeren Zusammenhang zu sehen. Mit fällt kein einziges Problem der Welt ein, das nicht von einer auf Langfristigkeit angelegten Denkweise profitieren würde.

Wenn man fast ein volles Jahrzehnt mit Recherchieren, Fotografieren und Reisen durch die ganze Welt verbringt, um historisches Leben aufzuspüren, dann rückt das die eigene Sterblichkeit in ein ganz neues Licht. Angesichts des unermesslichen Zeitraums der »Ewigkeit« bin ich zu einem viel unmittelbareren Verständnis der Kürze eines einzelnen Menschenlebens (meines Lebens, des Lebens anderer) gelangt. Zugleich jedoch erlebt man, wenn man vor einem dieser Organismen steht, Verbindungen mit Augenblicken, so klein wie Moleküle, die einer ständig voranschreitenden Geschichte sowohl auf der Mikro- als auch auf der Makroebene ihre Gestalt verleihen. Jeder einzelne Augenblick zählt, und wir sitzen alle in einem Boot.

Und nun, liebe Leserin und lieber Leser, bitte ich Sie darum, mich auf meiner kleinen Reise in vergangene Zeiten und rund um die Welt zu begleiten. Ich lade Sie ein, jede Tatsache, jedes Hirngespinst und jedes Fragment, das Ihre Fantasie beflügelt, aufzugreifen und mitzunehmen – ins Labor, ins Studio, zum Umweltschutz oder zu einem Gespräch. Sie brauchen jetzt noch nicht zu wissen, wonach Sie suchen. Wichtig ist nur, dass Sie suchen.

NORDAMERIKA

{01}

Riesenmammutbaum

ALTER
2150 bis 2890 Jahre

STANDORT
Kings-Canyon- und Sequoia-Nationalpark, Kalifornien, USA

SPITZNAME
General Sherman, Cleveland, Washington, Sentinel

GEBRAUCHSNAME
Riesenmammutbaum, gelegentlich auch Bergmammutbaum oder Wellingtonie

LATEINISCHER NAME
Sequoiadendron giganteum

Sentinel Tree #0906-1437 (2,150 years old)

SEQUOIA-NATIONALPARK, KALIFORNIEN

Giant Sequoia with fire damage #0906-2222

SEQUOIA-NATIONALPARK, KALIFORNIEN

Sentinel tree #0906-1318 (2,150 years old)

Fragt man nach den ältesten Bäumen in den USA, werden oft die Redwoods genannt. Ein verständlicher Fehler: Sie sind majestätisch, atemberaubend groß und werden erstaunlich dick und hoch. Doch obwohl die Redwoods etliche Rekorde und Superlative halten, erreichen ihre weiter südlich lebenden Verwandten, die Riesenmammutbäume, im Allgemeinen ein höheres Alter. Trotzdem sind die Riesenmammutbäume die jüngsten der fünf allein in Kalifornien beheimateten Arten, die die Grenze von 2000 Jahren überschritten haben. Der älteste, inzwischen abgestorbene Mammutbaum wurde 3266 Jahre alt.

Kalifornien war das erste Ziel auf meiner Reiseroute zu den Uralten, und die Riesenmammutbäume meine erste Station auf einer Route, die die Borstenkiefer, die Mojave-Yucca und den Kreosotbusch umfasste. Es erschien mir sinnvoll, die ersten, noch ungeübten Schritte für dieses Projekt in meinem Heimatland zu gehen. Ich wusste noch nicht genau, was ich tat, aber Forschungsberichte (oder auch Forscher) aufzutreiben war hier nicht schwierig, und der Gedanke, nach Burbank zu fliegen und dort ein Auto zu mieten, hatte nichts Bedrohliches an sich. Begeistert fuhr ich beim ersten Schild mit der Aufschrift »Sequoia« vom Highway ab, was mindestens 150 Kilometer zu früh war, um an mein Ziel, den Kings-Canyon-Nationalpark, zu gelangen, dessen altes Waldgebiet zugleich Teil des Sequoia-Nationalparks ist. Aber ich hatte es nicht eilig. Ich fuhr viele Kilometer auf einer Straße, die ich als Kiesweg in Erinnerung habe, die jedoch vermutlich gepflastert war. In der Dämmerung kam ich an einer rustikalen Lodge vorbei, fuhr noch ein Stück weiter und machte dann kehrt. Hunderte von Kolibris pickten an Futterstellen zwischen den Kiefern. Es war September, sie waren auf dem Flug nach Süden.

Als ich am nächsten Morgen mit meinem Nationalpark-Pass in den Kings Canyon hineinfuhr, war es ein erhebendes Gefühl, aus einem bestimmten Grund dort zu sein, und nicht nur, um die Schönheit der Natur zu bewundern. Ich hatte Fragen. Ich hatte Verabredungen.

Es gibt in diesem Wald vier Bäume, die nachweislich älter als 2000 Jahre sind. Der Dendrochronologe Nate Stephenson erzählte mir, dass möglicherweise mehrere *Hundert* Bäume über 2000 Jahre alt sein könnten, sein Team aber nicht über die nötigen Ressourcen verfüge, um sie alle genau zu untersuchen. Sinn und Zweck der Dendrochronologie ist nicht nur die Altersbestimmung von Bäumen durch das Zählen der Jahresringe; diese Wissenschaft ist zugleich ein wichtiges Instrument, um frühere klimatische Bedingungen zu ermitteln. Im Falle der Riesenmammutbäume allerdings scheint das wissenschaftliche Interesse nicht

General Sherman #0906-1628 (2,200 years old)

SEQUOIA-NATIONALPARK, KALIFORNIEN

Yuccas on rocky outcropping #0906-1237

SEQUOIA-NATIONALPARK, KALIFORNIEN

groß genug zu sein, um weitere Exemplare zu datieren, zumindest nicht im Augenblick. Das ungefähre Alter der Ältesten des Kings Canyon beträgt in aufsteigender Reihenfolge: Sentinel - 2150 Jahre, General Sherman - 2200 Jahre, Washington - 2850 Jahre, und schließlich Cleveland - 2890 Jahre. Die beiden jüngeren Bäume sind gut ausgeschildert; um die älteren zu finden, braucht man etwas, das sich »Stammkarte« nennt, denn sie stehen in einem anderen Teil des Waldes. Die Karte sah aus wie eine Sternenkarte für Reisen durchs Weltall, wobei die Bäume irdische Konstellationen darstellten. Kreise wiesen die lebenden Bäume aus, gerade Striche die gefällten. Mit der Karte in Händen fand ich den Cleveland, der aus einer Reihe wackerer Kameraden herausstach. Der Washington stand ein Stück weiter, der Weg zu ihm führte durch ein Gebiet, das starke Feuerschäden erlitten hatte. Mammutbäume haben kleine, steinharte Zapfen, die sich nur bei großer Hitze öffnen und ihre Samen freigeben. Kleine Feuer, die einen Teil vom Unterholz vernichten - nicht zu viel, nicht zu wenig -, sind zur Gesunderhaltung des Waldes nötig. Das Eingreifen des Menschen hat leider nicht ganz die erwünschte Wirkung erzielt.

Riesenmammut-Keimlinge sind besonders anfällig für Trockenheit. Stephenson sagte mir: »Die Klimaerwärmung wird zu einer früheren Schneeschmelze und stärkeren, länger andauernden Dürreperioden im Sommer führen.« Im Sequoia- und im Kings-Canyon-Nationalpark ist man zurzeit dabei, behördlich gesteuerte Überwachungsverfahren für die Jungpflanzen zu entwickeln und die langfristigen Ziele des Waldmanagements zu überdenken, um den Klimawandel stärker zu berücksichtigen. Diese komplexe Neubewertung wird mehrere Jahre in Anspruch nehmen.

Nach meiner Rückkehr ins Besucherzentrum witzelte ein Ranger, dass die Riesenmammutbäume im Gegensatz zu uns mit jedem Jahr jünger würden; ihr Alter ist in der Vergangenheit tatsächlich oft viel zu hoch eingeschätzt worden. Die Redwoods hingegen könnten immer älter werden. Etwa fünf Jahre nach meinem Besuch wies man mich darauf hin, dass es sich bei einigen Redwoods im Humboldt Redwoods State Park nach neuesten Erkenntnissen um Klone handelt, was die Möglichkeit eröffnet, ihr Alter um ein Vielfaches nach oben zu korrigieren. Bisher sind allerdings keine verlässlichen Schätzungen des Alters dieser Bäume erfolgt. Was nur einmal mehr beweist, dass die Wissenschaft nie vollständig abgeschlossen ist und dass eine Erkenntnis allein nicht der Weisheit letzter Schluss ist.

{02}

Borstenkiefer

ALTER
5068 Jahre

STANDORT
White Mountains, Kalifornien, USA

SPITZNAMEN
Methusalem, Prometheus

GEBRAUCHSNAME
Borstenkiefer, Langlebige Grannenkiefer,
Westliche Grannenkiefer

LATEINISCHER NAME
Pinus longaeva

Bristlecone Pine #0906 - 3033 (Up to 5,000 years old)

WHITE MOUNTAINS, KALIFORNIEN

Bristlecone Pine, detail #0906-3030

WHITE MOUNTAINS, KALIFORNIEN

Bristlecone Pine #0906-3028

WHITE MOUNTAINS, KALIFORNIEN

In 5000 Jahren kann viel geschehen.

Es ist erst ein Jahrhundert her, dass ein Astronom, kein Biologe, die moderne Dendrochronologie begründet hat. Andrew Douglass beobachtete bereits Anfang des 20. Jahrhunderts den Klimawandel und suchte nach einem Zusammenhang zwischen den Sonnenfleckenzyklen und dazu passenden Jahresring-Zahlen der Bäume. Im Jahr 1932 stellte Douglass den Wissenschaftler Edmund Schulman als Assistenten ein. Schulman wiederum widmete sein Leben dem Aufspüren von Bäumen mit einer besonders langen Lebensdauer (obwohl sein eigenes Leben recht früh endete, schon mit 49 Jahren) und sammelte eine beträchtliche Menge von Material, das noch immer darauf wartet, analysiert zu werden. Schulman fing zunächst mit den Riesenmammutbäumen an, fand jedoch schnell heraus, dass die Bäume, die ein extrem hohes Alter erreichen, eher diejenigen sind, die mit den größten Widrigkeiten zu kämpfen haben. Das war eine Lektion, die ich selbst im Laufe der Zeit lernte: Die langlebigsten Organismen sind nicht diejenigen, die besonders schnell und üppig wachsen; oft ist das Gegenteil der Fall. Die Borstenkiefern besitzen das Alleinstellungsmerkmal, die ältesten (nicht-klonalen) Einzellebewesen der Erde zu sein. 1957 entdeckte Schulman gemeinsam mit dem damaligen Studenten Tom Harlan den Methusalem-Baum, der zurzeit 4845 Jahre alt und die berühmteste Borstenkiefer ist. Harlan sollte später von Schulman das Zepter übernehmen und eine Koryphäe auf dem Gebiet der Borstenkieferforschung werden.

Die Geschichte des Methusalem-Baums wird jedoch oft von einem berühmt-berüchtigten Fehler überschattet, einem Bericht, der zu einem geradezu legendären abschreckenden Beispiel der Feldforschung geworden ist. Im Jahr 1964 befand sich ein Student namens Don Currey in Wheeler Point, Nevada, in einem der wenigen anderen Borstenkiefernwälder. Curreys Kernbohrer brach mitten in einem Baumstamm ab, den er gerade untersuchte. Für einen Studenten war ein Kernbohrer ein teures Werkzeug, und ein Park-Ranger riet ihm, den Baum einfach zu fällen, um das Gerät zu retten. In dem Wald standen Hunderte von Bäumen, was machte es da schon, einen einzelnen abzuschlagen? Es stellte sich heraus, dass dieser Baum, der posthum »Prometheus« genannt wurde, zum Zeitpunkt seines Todes 4844 Jahre alt gewesen war und damit das damals älteste bekannte Individuum der Erde. Ein Querschnitt des Baumes war lange Zeit im Kasino einer Kleinstadt ausgestellt, aber ich habe herausgefunden, dass die Stammscheibe inzwischen von der örtlichen Handelskammer ins Kongresszentrum gebracht worden ist. Eine zweite Scheibe befindet sich zu Forschungszwecken im Labor des Tree-Ring Research Instituts der Universität von Arizona. Currey hat eine andere berufliche Laufbahn eingeschlagen und ist Geologe geworden.

Harlan entdeckte dann tatsächlich noch einen Baum, der älter als diese beiden war; womöglich unter den Proben, die er mit Schulman vor dessen Tod gesammelt hatte.

Als ich Harlan 2006 ausfindig machte, erzählte er mir, die älteste bekannte Borstenkiefer sei nicht der Metusalem, wie gemeinhin angenommen wird, sondern vielmehr ein namenloser Baum im selben Waldgebiet, der etwa 5000 Jahre zählte. (Die Rocky Mountain Tree-Ring Research Organisation datiert ihn derzeit auf 5062 Jahre.) Harlan und seine Mitarbeiter bestimmten das Alter zahlreicher Borstenkiefern mithilfe einer Kombination aus Bohrkern-Proben und der Radiokohlenstoffdatierung. Peter Brown, Leiter des Rocky-Mountain-Labors, erklärte mir per E-Mail, dass ihr Interesse dabei nicht nur dem jeweiligem Alter galt, sondern dass Harlan bei seinem letzten Projekt noch einmal Schulmans unausgewertete Proben durchgegangen war, mit dem Ziel, eine gut fundierte, bis 12000 v.u.Z. zurückreichende Jahresring-Chronologie zu erstellen. Mit Bedauern habe ich erfahren, dass Harlan selbst im Jahr 2012 verstorben ist. Die Nachricht von seinem Fund wurde nicht großflächig verbreitet, und weder Harlans Baum noch der Methusalem sind ausgeschildert. Das Schild, das auf den Methusalem hinwies, hat man schon vor langer Zeit entfernt, weil es immer wieder vorkam, dass Besucher den Baum beschädigten, indem sie sich mit »Souvenirs« eindeckten.

Als im Jahr 2006 mein eigener Besuch anstand, hatte Harlan seine Feldforschung in dieser Saison bereits abgeschlossen. Daher musste ich mich allein auf den Weg machen. In über 3000 Metern Höhe war es im September schon recht frisch; es waren auch kaum andere Leute auf der Straße unterwegs, und noch weniger auf dem Waldweg, der zu dem Baum führte. Harlan hatte mir vorab gesagt, wonach und an welcher Stelle des Weges ich suchen sollte. Er hatte mir außerdem erklärt, es bestehe kein Grund anzunehmen, dass man die älteste Borstenkiefer bereits gefunden hat – es gibt Tausende davon.

Auf dem Weg über den Bergpfad war ich immer wieder ergriffen vom Anblick der knorrigen, von Wind und Wetter gebeutelten, alten Bäume, von denen einige schon fast *doppelt* so lange leben wie die ältesten Riesenmammutbäume. Auch der Wald fühlte sich vollkommen anders an. Die Riesenmammutbäume sind schon durch ihre schiere Größe Ehrfurcht gebietend. Ich muss an Duane Micheals' Bemerkung aus seinem Buch *Real Dreams* denken: »Man

Bristlecone Pine # 0906 - 3237

WHITE MOUNTAINS, KALIFORNIEN

muss schon ein Kühlschrank sein, um von der Schönheit des Yosemite nicht berührt zu sein.« Das Gleiche gilt für die Riesenmammutbäume. Die Schönheit der Borstenkiefern liegt allerdings in ihrem Kampf ums Überleben am oberen Rand der Vegetationsgrenze, und je mehr wir über sie erfahren, desto überwältigender sind sie für uns. Zum Beispiel kommen sie mit wenigen Nährstoffen aus und legen nicht-essenzielle Teile von sich lahm, um insgesamt zu überleben – ein Baum kann völlig tot wirken, bis auf einen einzigen Ast. Nadeln, die in Fünfergruppen zusammengefasst sind, können bis zu vierzig Jahre überdauern – viel länger als bei den meisten anderen Kiefern. Beides weist auf äußerste Effizienz als Überlebensstrategie hin. Knorrige, knubbelige Stellen sind ein Hinweis auf hohes Alter. Man hat den Eindruck, dass diese Bäume einen profunden biologischen Überlebenswillen besitzen; die äußeren Zeichen des Alters verhüllen ihre unerschütterliche Ausdauer.

Nur 150 Kilometer weiter, kurz hinter der kalifornischen Grenze, wurden auf einem Testgebiet in Nevada völlig unbekümmert Atombombentests durchgeführt. Hätte der Wind nicht in die andere Richtung geweht, dann hätte der gesamte Borstenkiefer-Bestand in Nullkommanichts irreparabel beschädigt oder gar gänzlich vernichtet werden können. Schließlich können die Bäume nicht einfach aufstehen und weglaufen. Die schlimmste gegenwärtige Bedrohung der Borstenkiefern ist eine anhaltende Doppelbelastung: Der Weymouthkiefern-Blasenrost, ein Pilz, der durch die Luft übertragen wird und der vor etwa 100 Jahren in den USA Einzug gehalten hat, droht im Verbund mit einem Befall durch den einheimischen Kiefernborkenkäfer den langsamen Niedergang der Bäume herbeizuführen, der darüber hinaus durch den Klimawandel beschleunigt wird.

Die Borstenkiefern haben nicht *trotz* der extremen Lebensbedingungen überlebt, sondern gerade *wegen* dieser Bedingungen. Die steigenden Temperaturen im Hochgebirge haben nicht nur eine Menge Schädlinge in höhere Lagen geführt. Sie bewirken auch, dass die Borstenkiefern heute schneller wachsen als in fast allen vorangegangenen Epochen. Neuere Jahresringzählungen zeigen einen 30-prozentigen Anstieg ihrer Wachstumsrate im Laufe der letzten 50 Jahre – das ist mehr als in allen vergleichbaren Zeiträumen in den 3700 Jahren davor.

{03}

Kreosotbusch

ALTER
12 000 Jahre

STANDORT
Soggy Dry Lake, Mojave-Wüste,
Kalifornien, USA

SPITZNAME
King Clone

GEBRAUCHSNAME
Kreosotbusch

LATEINISCHER NAME
Larrea tridentate

Creosote Bush # 0906-3628 (12,000 years old)

Creosote Bush #0906-3637 (12,000 years old)

Creosote Bush, detail #0906-3905 (12,000 years old)

MOJAVE-WÜSTE, KALIFORNIEN

Von den 4000 Meter hohen Höhenzügen der White Mountains sind es mehrere Hundert Kilometer bis nach Barstow. Man fährt am Rand des Death Valley entlang, das an seiner tiefsten Stelle 86 Meter unter dem Meeresspiegel liegt. Der Weg, der zunächst zu einem kleinen Außenposten des Bureau of Land Management (BLM) führte, bot mir einen Blick auf die Edwards Air Force Base und weitere befremdliche Militäranlagen, bis ich schließlich in die eigentliche Wüste hinausfuhr.

Erst vor 12 000 Jahren haben die Menschen angefangen, Ackerbau zu betreiben und Tiere in Herden zu halten - zur selben Zeit, als der etwa 12 000 Jahre alte Kreosotbusch und die Mojave-Yucca auf die Welt kamen. Diese beiden Pflanzen waren die ersten Klonorganismen, die ich bewusst wahrgenommen habe.

Sie befinden sich 15 Kilometer voneinander entfernt auf einem umzäunten Gelände des BLM, das für Freizeitaktivitäten mit Quads und Geländewagen freigegeben ist (»Spielraum«, wie das Bureau es nennt). Sowohl King Clone als auch die spitznamenlose Yucca-Pflanze besitzen eine auffällige zirkuläre Struktur und breiten sich von einem zentralen Stamm ausgehend allmählich kreisförmig aus. Man kann nirgends einen Bohrer ansetzen, um ihre bemerkenswerte Langlebigkeit zu beweisen; das Vorgehen dieser Pflanzen besteht in der langsamen und stetigen Fortsetzung ihrer selbst: Die alten Stämme werden durch neue ersetzt, der Organismus breitet sich quasi auf Zehenspitzen statt durch Schübe oder Sprünge aus. Den besten visuellen Eindruck sowohl von dem Kreosotbusch als auch von der Yucca-Pflanze bekommt man von oben. (In Ermangelung eines Hubschraubers kletterte ich auf das Dach des Lasters des Park-Rangers, um den besten Aufnahmewinkel zu erhalten.) Die runden Formen der Klone sind das Einzige, was sie optisch von ihren jüngeren Brüdern unterscheidet; tatsächlich sind Kreosotbüsche in dieser Gegend omnipräsent. Yuccas gibt es nicht ganz so viele, aber auch sie sind durch ihre kreisförmige Anordnung, die an kleine, lebendige Stonehenges erinnert, unverwechselbar. (Bei beiden Arten stehen mehrere Klone relativ dicht beieinander; ich habe mich jeweils auf die ältesten konzentriert.)

King Clone, wie der älteste Kreosotbusch auch genannt wird, wurde in den 1970er-Jahren von Frank Vasek entdeckt, einem emeritierten Professor der University of California in Riverside. Eine Wachstumsraten-Analyse der minimalen jährlichen Ausbreitung des Busches trug, kombiniert mit einer Radiokohlenstoffdatierung im Labor der Universität, zur Schätzung seines Alters bei. Kreosotbüsche, die diesen Namen ihrem Geruch bei Nässe verdanken, können tatsächlich bis zu *zwei Jahre lang* ohne Regen überleben. Ihr weitläufiges Wurzelgefüge nimmt jegliches Wasser auf, das sich in erreichbarer Nähe befindet. Die Talsohlentemperaturen in der Mojave-Wüste variieren um etwa 90°C, sie reichen von –30°C bis zu +60°C.

Larry LaPre, einer der Wissenschaftler im BLM, war vor meinem Besuch in der Mojave-Wüste meine Hauptinformationsquelle. Da Kreosotbüsche in der Wüstenlandschaft allgegenwärtig sind, hatte mir LaPre den Klon als lang gestrecktes Oval von ungefähr 15 Metern Breite beschrieben. Die BLM-Wissenschaftler waren anscheinend seit Jahren nicht mehr an den Standorten gewesen, aber ich hatte das große Glück, dass mich ein BLM-Ranger, Art Basulto, zu beiden Pflanzen begleitete. Basulto füllte sämtliche Gesprächspausen mit Geschichten von bedauerlich schlecht ausgestatteten Tagesausflüglern, die in der Wüste gestrandet waren, der Rettung verloren gegangener Kinder, dem Training für einen Wüstenmarathon, der Blütenpracht der Wüste im Frühjahr oder Schilderungen von Wüstenstürmen, die zu jeder Jahreszeit ein Erlebnis sind. Unterwegs bückte er sich im Gehen, um mit einer einzigen schwungvollen Bewegung einen Schlangenschädel aufzuheben.

Die Gegebenheiten unseres heutigen Lebens prägen zwar unsere Gegenwart und Zukunft, aber es gibt dem gegenüber auch einen philosophischen Aspekt, über den es sich nachzudenken lohnt. Durch den einen Urstamm, von dem aus sie sich beständig in alle Richtungen ausdehnen, sind sowohl der Kreosotbusch als auch die Yucca-Klone in gewisser Hinsicht die biologische Analogie des sich ständig ausbreitenden Universums. Ich will damit nicht die Hubble-Konstante mit einer jährlichen Wachstumsrate von Zentimeterbruchteilen vergleichen. Der Kreosotbusch und die Yucca-Palme sind vielmehr gerade durch ihr minimales Wachstum, das wir normalerweise aus unserer menschlichen Perspektive gar nicht wahrnehmen können, ein lebendiges Abbild der Zeitgeschichte. Leider besteht Grund zu der Sorge, dass ihnen die Zeit mittlerweile davonläuft.

{04}

Mojave-Yucca

ALTER
12 000 Jahre

STANDORT
Mojave-Wüste, Kalifornien, USA

SPITZNAME

GEBRAUCHSNAME
Yucca-Palme

LATEINISCHER NAME
Yucca schidigera

Mojave Yucca #0311-P0983 (12,000 years old)

MOJAVE-WÜSTE, KALIFORNIEN

Ich habe nicht viele meiner Motive ein zweites Mal besucht, aber mit den Bildern, die ich bei meinem ersten Besuch im Jahr 2006 von der Mojave-Yucca gemacht hatte, war ich nicht sehr zufrieden. Als ich mich 2011 noch einmal ganz in der Nähe aufhielt, um in Riverside die Palmer's Oak zu fotografieren, nutzte ich daher die Gelegenheit und fuhr ein zweites Mal zu den Ältesten der Mojave-Wüste. Diesmal begleiteten mich die Erforscher der Palmer's Oak, die ebenfalls neugierig auf die Klone waren. Ich hoffte, die cremefarbenen Blüten der Yucca zu sehen, aber es muss wohl noch zu früh im Jahr gewesen sein – und für die Früchte, die im späten Frühjahr reifen, erst recht. Mojave-Yuccas werden ausschließlich von Motten befruchtet – genauer gesagt von der Yuccamotte, *Tegeticula yuccasella* –, aber die Yucca, um die es hier geht, wächst natürlich vegetativ, sie braucht also zur Vermehrung nur genug Kraft aufzubringen, um neue Triebe sprießen zu lassen. Mit anderen Worten: Normalerweise ist für die Befruchtung der Samen eine Bestäubung notwendig, aber im Fall dieses Yucca-Klons findet, wie bei allen klonal wachsenden Organismen, eine Selbstaussaat statt; die Pflanze erzeugt also einfach immer wieder Kopien ihrer selbst und kommt ganz ohne solche unberechenbaren Befruchtungsvorgänge aus. Trotzdem wäre es schön gewesen, die Pflanze blühen zu sehen.

Bei meinem vorherigen Besuch hatte mir Art Basulto erzählt, dass die indigenen Völker die Mojave-Yuccas als Schutz vor Wüstenstürmen benutzt hatten. Die Früchte der Yucca sind zum Verzehr geeignet, ihre Fasern werden zum Weben verschiedener Sachen genutzt, und das Saponin in ihren Blättern lässt sich zur Seifenherstellung verwenden, aber ich konnte mir kaum vorstellen, dass sie viel Schutz bieten, außer vielleicht für kleine Wüstentiere. Vielleicht wuchsen die Pflanzen früher üppiger. Dem Klon ging es tatsächlich nicht mehr so gut wie 2006. Meine Arbeit ist zwar per se keine Prozessfotografie, aber sie unterstreicht doch deren Wichtigkeit: Irgendwohin zu fahren und etwas einmal zu fotografieren, als wäre es eine statische Sache, ist irreführend. Ein Foto von einem schmelzenden Gletscher ist nur wirklich eindrucksvoll, wenn es neben einer Aufnahme steht, die ein paar Jahre zuvor gemacht wurde, denn erst dann wird der Rückgang des Eises sichtbar. Fotografien können einen bestimmten Moment dokumentieren, aber nur weil sie einst die Wahrheit gezeigt haben, ist noch lange nicht gesichert, dass alles so bleibt: Die Dinge verändern sich.

Es hatte eine mehrjährige Dürre gegeben – mit noch weniger Regen, als in der Wüste ohnehin schon fällt. (Die Yucca braucht nicht viel, aber im Unterschied zum Kreosotbusch benötigt sie etwa zwanzig 20 Niederschlag pro Jahr, um ihre Virilität zu erhalten.) Die Trocken-

Mojave Yucca #0311-1430 (12,000 years old)

MOJAVE-WÜSTE, KALIFORNIEN

heit, die schon an sich ein Problem ist, wird durch die Wüstenkängururatten noch verschlimmert. Sie nagen an den Blättern der Pflanzen, um an Feuchtigkeit zu gelangen. Wissenschaftlich gesehen sind die Ratten jedoch nicht nur schlecht. Ihre Erdbauten sind zum Bersten gefüllt mit wertvollen Informationen über das Klima. Sie benutzen über Generationen hinweg dieselben Nester, zigtausend Jahre lang, und häufen schichtweise Ablagerungen sowie genetische Informationen an, die sich wie ein Buch lesen lassen – wenn man die Sprache versteht.

Am Anfang dieses Projekts hätte ich nie gedacht, dass überhaupt irgendetwas besonders lange in der Wüste überleben kann. Josuabäume vielleicht – die ebenfalls zu den Yuccas gehören –, obwohl man nicht annimmt, dass sie länger als ein paar Hundert Jahre überdauern. Aber zu dem Zeitpunkt, als ich in die Mojave-Wüste reiste, hatte ich bereits auf vier Kontinenten bemerkenswerte Wüsten besucht, in denen einige der außergewöhnlichsten langlebigen Organismen der Erde beheimatet sind, und meine Sichtweise hatte sich völlig verändert. Wie bei den Borstenkiefern wurde auch hier deutlich, dass extreme Bedingungen Lebewesen hervorbringen können, die sich auf einzigartige Weise anzupassen vermögen.

Wenn auch das BLM nicht das gleiche Ausmaß an Schutz bietet wie ein Nationalpark, so sind der Kreosotbusch und die Yucca-Klone wenigstens eingezäunt. Dennoch habe ich vor Kurzem gelesen, dass das Militär sich womöglich in der Wüste ausbreiten möchte und eventuell das »Spielraum«-Gebiet übernehmen wird. Angesichts dieser Meldung scheinen die paar Wochenend-Krieger, die dort herumfahren, plötzlich doch nicht mehr die schlechtesten Nachbarn zu sein.

Mojave Yucca # 0311 - 1320 (12,000 years old)

MOJAVE-WÜSTE, KALIFORNIEN

{05}

Dunkler Hallimasch

ALTER
2400 Jahre

STANDORT
Oregon, USA

SPITZNAME
Megapilz

GEBRAUCHSNAME
Dunkler Hallimasch

LATEINISCHER NAME
Armillaria ostoyae

Armillaria #1106-2232 (2,400 years old)

MALHEUR-STAATSFORST, OREGON

Armillaria # 1106 - 19B24 (2,400 years old)

MALHEUR-STAATSFORST, OREGON

Armillaria casualties #1106-1414

MALHEUR-STAATSFORST, OREGON

Armillaria ostoyae, der Dunkle Hallimasch, zeichnet sich dadurch aus, dass er der einzige Schädling unter den ältesten Lebewesen der Erde ist. (Allerdings bedroht er nur bestimmte Baumarten, nicht den Menschen. Man kann ihn sich auch als Pathogen vorstellen.) Er ist zudem eines der größten Lebewesen der Erde; er bedeckt ein Gebiet von etwa neun Quadratkilometern – genetisch handelt es sich auf der gesamten Fläche um ein und denselben Organismus. Obwohl Fungi zu den am weitesten verbreiteten Organismen der Erde gehören, ist *Armillaria* in der Gruppe der Uralt-Lebewesen der einzige Pilz. Die Fungi bilden ein eigenes Reich und sind überraschenderweise näher mit den Tieren als mit den Pflanzen verwandt – Tiere und Fungi scheinen einen gemeinsamen Vorfahren zu haben, der sich vor 1,1 Milliarden Jahren von den Pflanzen abspaltete. (Bis heute ist unbekannt, ab wann genau die Tiere und die Pilze getrennte Wege gegangen sind, aber stellen Sie sich mal *das* Familientreffen vor.) Der *Armillaria* lebt zudem fast gänzlich unterirdisch, weshalb er nicht ganz leicht zu fotografieren ist.

Ich fuhr im November 2006 in den Malheur-Staatsforst im Osten Oregons, und leider war in den Bergen schon Schnee gefallen. Die eigentlichen Pilzkörper wachsen im Herbst überirdisch, aber nur für kurze Zeit und niemals im Schnee. So lernte ich meine erste Lektion bezüglich der Beachtung saisonbedingter Einschränkungen bei meiner Reiseplanung. Aber die ungestümen Wolken, die hier und da von hellen Lichtstrahlen durchbrochen wurden, und ein Regenbogen vor dem bedrohlich finsteren Himmel boten immerhin eine atemberaubende Kulisse, als ich von dem winzigen Städtchen namens John Day zur US Forest Service Prairie City Ranger Station fuhr, die gleich neben einem Sägewerk am westlichen Stadtrand lag.

Der Waldpathologe Craig Schmitt erinnert mit seiner freundlichen, großväterlichen Art an einen Holzfäller-Weihnachtsmann. Während wir durch den Wald liefen, testete er mein Wissen bezüglich der unterschiedlichen Arten von Nadelbäumen: Lärchen, Douglasien, Strandkiefern, Gelbkiefern. Er sah sofort, welche Bäume von dem Pilz befallen waren, und er schlug seine Axt so tief in die Rinde des einen, dass der Pilz unter der Oberfläche sichtbar wurde. *Armillaria* stranguliert einen Baum langsam zu Tode. Filzig-weiße Myzelstränge zwängen sich von unten zwischen die Rinde und das Splintholz des Baums und blockieren allmählich jeglichen Fluss von Wasser und Nährstoffen. Obwohl der Pilz seinen Wirt tötet, könnte man sagen, er ist ein kluger Pilz, wenn nicht gar rücksichtsvoll; er tötet keine Bäume, die das Reproduktionsalter noch nicht erreicht haben, und sichert so langfristig sein eigenes Über-

searching for Armillaria Death Rings #1106 - 1129 (2,400 years old)

MALHEUR-STAATSFORST, OREGON

leben. Das Eingreifen des Menschen ist allerdings etwas anderes. Der *Armillaria* ist das einzige Lebewesen unter den Altehrwürdigen, dessen Wachstum mit Absicht begrenzt wird. Der Waldbewirtschaftungs-Plan sieht die Anpflanzung von Bäumen vor, die dem Pilz widerstehen, in der Hoffnung, seine Ausbreitung einzuschränken und seine destruktiven Auswirkungen zu mildern. Der Dunkle Hallimasch ist bei richtiger Zubereitung zwar genießbar, aber ich glaube kaum, dass der Forstverwaltungsplan auch Einladungen zum Essen vorsieht.

Am nächsten Tag besuchte ich mit den Mykologen Mike Tatum und Jim Lowrie einen anderen Teil des Waldes. Sie schienen sich dort ebenfalls wie zu Hause zu fühlen, unterhielten sich über alles Mögliche, von ihrer Arbeit bis hin zur Damwildjagd, und machten sich über einen anderen Mykologen lustig, der sich nur mit einem bestimmten Aspekt von *Armillaria* beschäftigte statt mit dem ganzen Pilz. (Man stelle sich vor: zwei Mykologen, die sich über einen Kollegen amüsierten, weil sie ihn für einen Fachidioten und Sonderling hielten.) Wir sprachen auch über die übergeordneten gesellschaftlichen Probleme beim Waldmanagement. Emotional geprägte Entscheidungen von Laien, wie etwa die Ablehnung des Einsatzes kontrollierter Brände und anderer bewährter Verfahren, können die Expertise der Wissenschaftler unterminieren und Probleme verschärfen. Die Natur ist nicht immer »freundlich« im menschlichen Sinne, und wenn man dem natürlichen Kreislauf eines Ökosystems menschliche Werte aufdrückt, ist die Katastrophe damit oft vorprogrammiert. Ich sammelte unterwegs ein paar Flechten und Moose, die beiden nannten mir deren Namen, und fügte sie meiner Sammlung von Zapfen und *Armillaria*-Proben hinzu, die ich am Vortag von der Exkursion mit Schmitt mitgebracht hatte.

Armillaria ist zwar der bekannteste Baumkiller im ganzen Wald, aber es gibt noch andere Wurzelkrankheiten, wie zum Beispiel *Phellinus weirii* (Laminierte Wurzelfäule) und *Cryptoporus volvatus* (ein weiterer Pilz, der Nadelbäume befällt), die Holz relativ schnell abbauen – als Teil des Recyclingprogramms der Natur, wenn man so will. Tatum ergänzte: »Viele Bäume weisen außerdem einen Käferbefall auf, der meistens bei Bäumen vorkommt, die an einer Wurzelkrankheit leiden. Die Käfer beschleunigen oft nur das Absterben des Baums, denn sie werden von krankheitsgeschwächten Bäumen angezogen, weil diese nicht wie gesunde Bäume in der Lage sind, die Käfer ›hinauszuwerfen‹.« (Mir gefällt das Bild von einem Baum, der in einen so merkwürdigen Kampf wie den Überlebenskampf mit dem Käfer verwickelt ist. Daraus ließe sich doch eine wunderbare, in Zeitlupe gedrehte Schlachtszene machen.)

Spuren des Pilzes lassen sich nicht nur auf der Erde oder unter ihr betrachten. Vor meiner Ankunft hatte ich ein Flugzeug gechartert, um mich auf die Suche nach den sogenannten »*Armillaria*-Todesringen« zu begeben. Der Dunkle Hallimasch vernichtet seine Opfer nämlich nach einem kreisförmigen Muster (Kreisförmiges Wachstum ist ja bereits ein geläufiges Thema, wenn es um langlebige Organismen geht.), das sich aus der Luft erkennen lässt, wenn man weiß, wonach man Ausschau hält. Ich war mit ein paar Karten und GPS-Koordinaten ausgestattet und wusste zumindest, dass der *Armillaria* unter der Oberfläche lauerte. Noch nie war ich in einer so kleinen Cessna unterwegs gewesen. Angst hatte ich zwar nicht, aber mir wurde furchtbar übel. Ich machte so viele Fotos, wie ich konnte, bevor ich den sauren Motelkaffee erbrach und der Pilot auf direktem Weg mit mir zum Flugplatz zurückflog.

Ehe ich die Stadt verließ, ging ich noch beim örtlichen Postamt vorbei und schickte meine botanische Probensammlung nach Hause, wo mich das Paket später im Eingangsbereich meines Brooklyner Mietshauses erwarten würde. Die *Letharia vulpina* – die Wolfsflechte, die für Hunde giftig ist – hat in einem Topf auf meiner Fensterbank bis heute überlebt, zusammen mit einer *Sarcocaulon patersonii* (Buschmannskerze) aus Namibia und dem kleinen Geweih eines japanischen Sikahirsches aus Yakushima. Monate nach meiner Rückkehr fotografierte ich das Stück von *Armillaria* befallene Rinde im Studio mit einer Großformatkamera. Aber so aus dem Kontext gerissen fühlte es sich ganz leblos an – was es auch tatsächlich war.

{06}

Box Huckleberry

ALTER
8000 bis 13 000 Jahre (umstritten)

STANDORT
Perry County, Pennsylvania, USA

SPITZNAME
Jerusalem Huckleberry, Bibleberry

GEBRAUCHSNAME
Box Huckleberry

LATEINISCHER NAME
Gaylussacia brachycera

Box Huckleberry #0906-0103 (8,000 - 13,000 years old)

PERRY COUNTY, PENNSYLVANIA

Box Huckleberry branches stripped by deer #0906-07A07 (8,000-13,000 years old)

Antler wall on the Doyle's barn #0906-09A09

PERRY COUNTY, PENNSYLVANIA

Meine Suche nach der ältesten Box Huckleberry der Erde endete schließlich in einem privaten Garten in Pennsylvania. Als ich die zentrale Verwaltung des Tuscarora-Staatsforsts, in dem auf der Hoverter & Sholl Box Huckleberry Natural Area ein 1300 Jahre altes Individuum dieser Art zu Hause ist, kontaktierte, wurde ich zu meinem Erstaunen an den privaten Landbesitzer Jim Doyle weiterverwiesen, der einen Beerenstrauch besitzt, der ganze zehn Mal so alt ist.

Die Box Huckleberry (die zu ihrem Namen aufgrund ihrer Ähnlichkeit mit den Buchsbäumen, die im Englischen *boxwood* heißen, gekommen ist) ist eine Verwandte der Heidelbeere. Sie besitzt glänzende immergrüne Blätter, blüht im Frühjahr und trägt dann essbare, wenn auch Berichten zufolge nicht sehr schmackhafte Früchte, die eher von Kragenhühnern des Hofes als von Menschen geschätzt werden. Sie ist selbstinkompatibel, was sich zwar anhört, als brauche sie therapeutische Hilfe, aber eigentlich nur bedeutet, dass sie sich im Unterschied zu anderen blühenden Pflanzen nicht selbst bestäuben kann. Angesichts der Tatsache, dass von ihrem Heimatstaat Pennsylvania bis hinunter nach Mexiko nur noch knapp 100 dieser Pflanzen leben, und zwar weit verstreut, stehen die Chancen, einen Partner zu erreichen, so schlecht, dass das vegetative Wachstum für die Box Huckleberry tatsächlich die einzige Möglichkeit der Ausbreitung darstellen dürfte.

Im Jahr 1889 – zu einer Zeit, als man auf die Feierlichkeiten zum 100-jährigen Jubiläum der Unterzeichnung der Unabhängigkeitserklärung im nahe gelegenen Philadelphia noch stolz sein konnte – kauften Jim Doyles Urgroßeltern, die Siedler waren, einige Stücke Land in der Mitte von Pennsylvania. Die Doyles bauten Schiefer ab und fällten Bäume für den Holzverkauf. Während der Großen Depression ging die Familie auf Jagd und lebte ansonsten von den Erträgen ihrer Landwirtschaft. Doyle erzählte stolz die Geschichte, wie George Washington einmal in den Juniata River (einen Nebenfluss des Susquehanna) gefallen war, nicht weit von dort, wo wir gerade standen, gleich hinter der nächsten Flussbiegung. Ich habe keine Belege für diese Behauptung gefunden, aber sie ist zweifellos eine interessante Ergänzung der ohnehin reichen Familienfolklore.

Wie der Zufall so will, gibt es auch in meiner eigenen Familie eine Beziehung zu diesem Landstrich. Meine Großmutter, die ursprünglich aus der Tschechoslowakei stammt, wohnt seit 1957 in Harrisburg. Ich stattete ihr einen Besuch ab, und meine Mutter kam aus meiner Heimatstadt Baltimore dazu, um mit mir gemeinsam zum Huckleberry-Busch zu fahren.

Erst im Jahr 1920 erfuhren die Doyles, dass es noch eine weitere Besonderheit auf ihrem Besitz gab. Harvey A. Ward von der Harrisburg Natural History Society beschreibt seine Entdeckung in einem Brief vom 4. Februar 1929:

Ich entfernte mich von der Partygesellschaft, um die Schlucht zu erkunden. Sogleich fiel mir eine Fläche niedrig wachsender Büsche mit glänzend grünen Blättern auf. Diese Pflanze war mir gänzlich unbekannt. Ich kam zu dem Schluss, dass es sich um eine Heidelbeer-Art handeln müsse, zweifellos eine immergrüne ... Es waren keine Früchte oder Blüten zu sehen, aber nachdem ich die kurze Beschreibung in Gray's Manual *gelesen hatte, war ich mir sicher, eine neue Kolonie der Box Huckleberry entdeckt zu haben. Ich schickte ein paar Muster der Pflanze an den Botanischen Garten in New York, an das Gray Herbarium und an das Landwirtschaftsministerium in Washington. Nach wenigen Tagen erhielt ich von allen drei Institutionen Antworten, die meine Vermutung bestätigten. ... Dr. Frederick V. Covill und Dr. Edgar T. Wherry aus Washington sowie Dr. John K. Small vom Botanischen Garten in New York besuchten mehrmals die Kolonie und waren sehr beeindruckt von ihrer Größe.*

In den letzten Jahren hat das Parks Department den Doyles wiederholt angeboten, sie von ihrer Aufgabe der Pflege dieses Klons zu befreien und einen Teil ihres Anwesens in ein öffentliches Naturschutzgebiet umzuwandeln, aber Mr. Doyle – der Forschern immer großzügig Zugang zu der Pflanze gewährt hat – schien das Angebot einer solchen dauerhaften Vereinbarung nicht sehr verlockend zu finden. Es gibt ein Sprichwort, das besagt, der beste Zeitpunkt, um einen Baum zu pflanzen, sei vor zehn Jahren gewesen, und der zweitbeste sei heute. Das Gleiche lässt sich über den Erhalt dessen, was wir besitzen, sagen, solange noch die Gelegenheit dazu besteht: Ein Großteil der einst etwa 40 Hektar großen, kilometerlangen Kolonie wurde 1963 durch den Neubau der Bundesstraßen 22 und 322 zerstört, und noch mehr fiel einem Feuer zum Opfer.

In den Jahren seit meinem Besuch dort hat sich die Wissenschaft weiterentwickelt, und die Altersbestimmung des Klons auf 13 000 Jahre ist fraglich geworden. Widersprüchliche Daten über Gletscher und einige Zweifel hinsichtlich der Gendrift und der Mutation legen inzwischen nahe, dass der Doyle'sche Huckleberry-Busch eher 8000 Jahre alt sein dürfte. Was nicht heißen soll, dass ein Alter von 8000 Jahren keine Hochachtung verdient.

{07}

Palmer's Oak

ALTER
13 000 Jahre

ORT
Riverside, Kalifornien, USA

SPITZNAME
Jurupa Hills Eiche

GEBRAUCHSNAME
Palmer's Oak

LATEINISCHER NAME
Quercus palmeri

Palmer's Oak #0311-0514 (13,000 years Old)

RIVERSIDE, KALIFORNIEN

Garbage at the base of the Palmer's Oak site #0311-0964

RIVERSIDE, KALIFORNIEN

Palmer's Oak # 0311-0921 (13,000 years old)

RIVERSIDE, KALIFORNIEN

Ich war hocherfreut, als ich eine E-Mail vom Biologen Jeffrey Ross-Ibarra erhielt, in der er mir von einer Entdeckung erzählte, die er und seine Kollegen verifiziert hatten. Der Organismus, um den es ging, war eine klonal wachsende Buscheiche der Gattung *Quercus palmeri*, die mindestens 13 000 Jahre alt war, womöglich sogar mehr als doppelt so alt. Die Art an sich wurde zuerst von Edward Palmer, einem Autodidakten der Botanik (und Archäologen noch dazu), beschrieben und anschließend auch nach ihm benannt. Palmer erforschte im Jahr 1891 als Mitarbeiter des amerikanischen Landwirtschaftsministeriums den Westen der USA sowie Teile von Mexiko. Dieses uralte Exemplar in Riverside, Kalifornien, wurde allerdings gut 100 Jahre später von Mitchell Provance, einem frischgebackenen einheimischen Botaniker, entdeckt – eine Entdeckung, für die allein sich Provance' verschlungener Weg in die Wissenschaft gelohnt hatte.

Von Los Angeles fuhr ich hinaus nach Riverside, in die Inland-Empire-Stadt, deren Ruhm in erster Linie auf der Begründung der kalifornischen Zitrusfrucht-Industrie basiert, die dort im Jahr 1874 mit der Pflanzung von drei Navel-Orangenbäumen aus Brasilien begann. Ich traf mich mit Provance und Andy Sanders, dem Leiter des Herbariums der University of California in Riverside, der Provance dabei geholfen hatte, seine Vermutung zu untermauern. Provance hatte im Wintersemester 1996 zum ersten Mal an einem Seminar in botanischer Feldforschung teilgenommen, nur zwei Jahre vor seiner Entdeckung der Eiche. Obwohl er sich schon in jungen Jahren zur Naturwissenschaft hingezogen fühlte, hatte man ihn beharrlich in eine künstlerische Richtung gedrängt. Provance erzählte mir in einer E-Mail, dass er als Kind in den Sommerferien einmal aus eigenem Antrieb eine Abhandlung über die Klassifizierung der Säugetiere gelesen hatte. Ich kam nicht umhin, seine autodidaktische Bildung mit der von Palmer selbst zu vergleichen. Andy Sanders war einer der ersten »Pflanzenjäger« (eine Bezeichnung, die Provance sehr liebevoll verwendet, die manche Botaniker jedoch als abwertend empfinden) gewesen, denen er begegnete, und Sanders ermutigte Provance zu einer statistischen Erhebung der Flora in den Jurupa Hills. Auf einem der damit verbundenen Rundgänge stieß Provance zufällig auf die Eiche und erkannte sofort, dass sie etwas Besonderes ist. Über ein Jahrzehnt später wurde die Studie, die Provance mit Sanders, Ross-Ibarra und zwei weiteren Kollegen verfasste, veröffentlicht. Darin wird das Mindestalter des Baumes auf 13 000 Jahre datiert. Tatsächlich könnte er noch wesentlich älter sein.

Falls Sie etwas Ähnliches wie den *Giving Tree* oder etwas in der Größenordnung des Riesenmammutbaums erwartet haben, dann liegen Sie falsch. Wie bei vielen Klonen könnte man auch an dieser Eiche ohne Weiteres vorbeigehen, ohne überhaupt zu merken, dass man einem so alten Lebewesen ganz nah gekommen ist. Man merkt vielleicht noch nicht einmal, dass man eine Eiche vor sich hat. Die Blätter sind hart und haben scharfe, Ilex-ähnliche Spitzen, obwohl die Palmer's Oak nicht mit dem Ilex verwandt ist.

Als das Pleistozän sich dem Ende zuneigte, wurde diese Gegend regenärmer, und das einst ausgedehnte Gebiet, das die Palmer's Oak ernähren konnte, trocknete aus. Die Eiche ist ein Relikt aus einem Ökosystem, das es nicht mehr gibt, denn sie fand schon Halt an diesem steilen Hang, als hier noch Mastodonten und Kamele das Land durchstreiften. Ich staunte nicht schlecht, als ich erfuhr, dass die Kamele ursprünglich aus Nordamerika stammen und ein Teil von ihnen nach Süden wanderte, um sich zu Alpakas und Lamas zu entwickeln, während ein anderer Teil über die Beringstraße nach Asien gelangte. Die Eiche hat das alles genügsam ertragen, wie auch die Zeit, als Siedlungen, eine Zementfabrik, Container voller Fertighausteile und der Verkehr von Geländewagen in ihrer Nachbarschaft Einzug hielten. Der untere Teil des Hangs ist mittlerweile mit Müll von ehemaligen Meth-Laboren und weggeworfenen Möbeln übersät. Der Aufstieg bis ganz nach oben ist schwierig, vor allem, wenn man seine Aufmerksamkeit nicht nur auf den festen Halt unter den Füßen richten muss, sondern auch auf den sicheren Transport einer Kameraausrüstung. Vermutlich ist die Eiche wegen ihres Standorts verborgen genug geblieben, um bis in die Gegenwart zu überleben. Tatsächlich steht sie auf einem Privatgrundstück – zu dem sich mit Sicherheit so mancher Eindringling Zutritt verschafft hat –, und wahrscheinlich weiß nicht einmal der Besitzer des Grundstücks, dass sie existiert. Ihr steiler, steiniger Standort liegt zudem abseits der üblicherweise von Waldbränden betroffenen Flächen.

Kürzlich habe ich mich bei Sanders nach dem derzeitigen Gesundheitszustand der Eiche erkundigt. Er berichtete froh, dass trotz der schweren Dürre, unter der die Region leidet, die vielen Stämme des Baumes neue Triebe und eine Fülle von Blüten aufwiesen. Allerdings fügte er noch hinzu: »Wenn dieses Gebiet auf längere Sicht austrocknet, wie einige Klimamodelle vorhersagen, dann werden die Eichen unter Stress geraten und vielleicht ernsthaft bedroht sein ... Ich vermute, in dem Fall wäre nicht viel zusätzlicher Stress vonnöten, um ihr Absterben zu verursachen.«

Der Grund für Sanders' Besuch bei der Eiche war eigentlich ein anderer gewesen. Er hatte ein paar Mykologen dabei, die vor Ort »Mykorrhizapilze, die an den feinen Wurzeln der Eiche

Lower slope leading to Palmer's Oak #0311-0828 (13,000 years old)

wachsen und eine wichtige Rolle bei der Nährstoffresorption spielen«, untersuchen wollten. Aber diese Pilze sind im Gegensatz zum Dunklen Hallimasch keine Bedrohung. »Die Pilze, die in Europa die Trüffel hervorbringen, sind ein Beispiel für einen solchen [Mykorrhizapilz]. Wirklich zu schade, dass die hiesigen Exemplare nicht ebenfalls so erstklassige Trüffel produzieren. Ich habe jedenfalls noch nicht gehört, dass die Leute unter der Palmer's Oak nach Trüffeln suchen, aber vielleicht sollten sie das tun.«

In der Zwischenzeit hat auch Provance hart gearbeitet. Er hat nämlich soeben eine neue Art der Ackerwinde entdeckt, die nur in Südkalifornien vorkommt.

{08}

Pando

ALTER
80 000 Jahre

ORT
Fish Lake, Utah, USA

SPITZNAME
Pando, der zitternde Riese

GEBRAUCHSNAME
Amerikanische Zitterpappel

LATEINISCHER NAME
Populus tremuloides

Pando, Clonal Colony of Quaking Aspen #0906-4317 (80,000 years old)

Was wie ein Wald aussieht, ist in gewissem Sinne ein einziger Baum.

Pando ist eine Klonkolonie der Amerikanischen Zitterpappel, deren Baumstämme – alle 47000 Stück – aus ein und demselben riesigen Wurzelwerk emporwachsen, somit genetisch identisch sind und einen einzigen gigantischen, etwa 43 Hektar umfassenden Organismus bilden. Die Zitterpappel ist in ganz Nordamerika verbreitet, und die Methode der Selbstfortpflanzung durch Wurzelaustrieb ist durchaus nicht ungewöhnlich. Pando betreibt sie einfach schon am längsten von allen.

Der Name »Pando« kommt aus dem Lateinischen und bedeutet: »Ich breite mich aus.« Die Kolonie wird im Allgemeinen auf ein Alter von 80000 Jahren geschätzt. Burton Barnes, der den Klon in den 1970er-Jahren als Erster identifizierte, vermutete, er könne sogar bis zu 700000 Jahre alt sein. Beide Zahlen sind jedoch Spekulation. Während Pandos Ausmaße mithilfe der Molekularforschung in jüngster Zeit mit nie da gewesener Genauigkeit bestimmt werden konnten, gibt es bisher keine verlässliche Methode, um sein genaues Alter festzustellen. Stattdessen wurden Faktoren wie Wachstumsraten und Klimadaten verwendet, um möglichst akkurate Schätzwerte zu erhalten.

1992 erweiterte Michael Grant, Professor für Ökologie und Evolutionsbiologie an der University of Colorado, Burtons Arbeit, indem er Pandos außergewöhnlichen Umfang errechnete. Als ich neulich mit ihm per E-Mail kommunizierte, erzählte mir Grant, dass ihn eine Geschichte im National Public Radio über den *Armillaria*-Pilz, der damals als größter Organismus der Erde galt, dazu inspiriert hatte. Er habe bei sich gedacht: »Nein, nein, wir haben da ein wesentlich schöneres Exemplar, das den Titel ›größter‹ Organismus der Erde tragen sollte«, und sei sogleich aufgebrochen, um mit der Arbeit zu beginnen und Pando für diesen Titel zu nominieren.

Der Bestand zeichnet sich durch ein äußerst komplexes System aus. Bereiche, die über reichlich Nahrung und Wasser verfügen, transportieren ihre überschüssigen Ressourcen in bedürftige Bereiche. Und damit nicht genug: Die Kolonie als Ganze ist in der Lage, in ein Gebiet mit günstigeren Bedingungen abzuwandern, falls sich die Umweltverhältnisse ändern – wenn auch sehr langsam. Laut Grant verdankt sich Pandos »immenses Ausmaß [und vermutlich auch sein immenses Alter] einer adäquaten Kombination aus Bränden, die häufig genug auftreten, um die Kiefern im Zaum zu halten, die sonst die Oberhand gewinnen könnten, aber nicht so häufig, dass die Pappeln nicht mehr gedeihen können, und einer idealen Bodenfeuchtigkeit, die einen hohen Wasserbedarf deckt, ohne [die Wurzeln] auszuschwemmen«.

Dennoch haben Menschen Pando bereits beträchtliche Schäden zugefügt. Straßen, Hütten und Campingplätze haben ihn (Es gibt männliche und weibliche Zitterpappeln – Pando ist männlich.) an den Rändern versehrt. Und was noch schlimmer ist: Der Fish Lake Forest Service hat in seiner Mitte eine große Schneise geschlagen, angeblich anstelle der notwendigen Feuer, um neues Wachstum zu stimulieren. An einer der Abholzstellen hat das Rotwild alle neuen Schösslinge gefressen, also hat der Forest Service noch mehr abgeschlagen und diesmal einen Zaun um die Stelle gezogen. Leider wurden diese Abholzungen im Herzen des Hains vorgenommen und haben so Pandos bis dahin makellose Gestalt irreparabel entstellt. Ironischerweise wurden die Holzabfälle dann doch noch dem Feuer zugeführt: als kostenloses Kaminholz für alle, die bereit waren, sie wegzuschleppen.

Im Jahr 2006 hatte Pando seine »Fifteen Minutes of Fame« auf einer Briefmarke der US-Post in der Reihe »Die Wunder Amerikas, dem Land der Superlative«. (*Schnellster Vogel! Größter Frosch! Längste überdachte Brücke!* Und Pando: *Größte Pflanze!* Gerechterweise haben es die Borstenkiefern auch auf diese Liste geschafft.) Vielleicht weil diese Entdeckung das Interesse der Welt nicht in dem Maße geweckt hat, wie es ihrer Bedeutung entsprochen hätte, konnte ich nicht umhin, die Briefmarke irgendwie als Abwertung zu betrachten, so, als hätte man einen der großartigsten lebenden Organismen der Erde auf einem Souvenir-T-Shirt mit der Aufschrift *And all I got was this lousy t-shirt* (»Und ich habe nur dieses blöde T-Shirt bekommen«) abgedruckt.

Als wir uns neulich wieder einmal gesprochen haben, erzählte mir Grant, er habe sich Pando zwar seit etwa zehn Jahren nicht mehr persönlich angesehen, ihm sei aber zu Ohren gekommen, dass es um seinen Gesundheitszustand nicht gut bestellt ist.

Beim Erhalt dieses unfassbar großen, uralten, komplexen und wunderschönen Lebewesens sind viele Fehler gemacht worden. Pando braucht sofortige Hilfe – der derzeitige Umgang mit ihm wird seiner herausragenden Bedeutung als Teil des großen Ganzen nicht gerecht. Ich würde Pando und mit ihm alle Lebewesen, die über 2000 Jahre alt sind, gern für das Welterbe der UNESCO nominieren, damit sie endlich anerkannt und geschützt werden.

Pando, clonal colony of Quaking Aspen #0906-4711 (80,000 years old)

Aspen for Beauty and Fuelwood #0906-5033

Pando clear-cut #0906-4717 (80,000 years old)

FISH LAKE, UTAH

{09}

Der Senator

ALTER
3500 Jahre (abgestorben)

ORT
Florida, USA

SPITZNAME
Der Senator

GEBRAUCHSNAME
Aufrechte Sumpfzypresse

LATEINISCHER NAME
Taxodium ascendens

Charred remains of the Senator Tree, Bald Cypress, # 0212-0149 Killed Jan 16, 2012 (3,500 years old)

SEMINOLE COUNTY, FLORIDA

Der Baum stand über eine Woche lang in Flammen, bevor es jemand bemerkte. Am 16. Januar 2012 brach der Senator, der älteste Zypressenbaum der Erde, in sich zusammen und starb in einer Feuersbrunst. Er wurde 3500 Jahre alt.

Ich besuchte den Baum zum zweiten Mal. Das erste Mal war ich im Jahr 2007 bei ihm gewesen – ein Besuch, der meine Fantasie nicht angeregt hatte, denn ich war damals gerade erst aus Afrika zurückgekehrt, wo ich ein paar echte Abenteuer erlebt hatte. Der Senator war die Hauptattraktion im treffend benannten Big Tree Park außerhalb des Stadtzentrums von Orlando, den man bereits nach einer 20-minütigen Autofahrt auf einer von Geschäften gesäumten Straße erreicht. Früher, v. D. (vor Disney), wenn man so will, war er sogar Orlandos größte Attraktion, und man konnte mit Pferd und Wagen hinfahren. Ich fuhr mit einer Freundin in ihrem Auto hin. Wir parkten auf einem ordentlichen Parkplatz, spazierten etwa 400 Meter über einen Holzsteg durch das einst sumpfige Waldgebiet und standen dann vor dem Baum, einfach so. Er wurde 1927 nach Senator M. O. Overstreet benannt, war beeindruckend hoch und robust, aber nicht übermäßig knorrig und befand sich in Gesellschaft von Lady Liberty, die mit ihren 2000 Jahren und einer bemerkenswert grazilen Figur – von einer knotigen Turnüre auf Augenhöhe an der Nordseite einmal abgesehen – eine hübsche jugendliche Braut für ihn abgab. Familien mit Fotoapparaten schauten in die Höhe und wanderten zwischen den beiden hin und her, nur die Kinder hatten schnell genug und verzogen sich lieber auf den Spielplatz.

Ich machte – nicht weil ich Expertin bin, sondern weil ich gerade in der Nähe stand – einen Schnappschuss mit einer Digitalkamera von einem Paar, das gerne ein Bild von sich vor dem Baum haben wollte. Dann holte ich meine Mittelformatkamera heraus und machte ein paar Aufnahmen für mich selbst. Als der Film aus dem Labor kam, wurde mir klar, dass ich mein Ziel verfehlt hatte: Es waren ein paar interessant komponierte Bilder dabei, aber den Geist dieses bemerkenswerten Lebewesens hatte ich nicht einfangen können.

Ich beschloss, einfach noch einmal zum Senator zu fahren, sobald sich die Gelegenheit geben sollte. In der Zwischenzeit reiste ich nach Grönland, Chile, durch ganz Australien, nach Tasmanien und sonst wohin, um andere alte Lebewesen zu besuchen. Aber in den ganzen fünf Jahren schaffte ich es nicht, den Senator ein zweites Mal aufzusuchen, und das, obwohl ich zwei Mal in Florida war, um Verwandte zu treffen. Es war zu einfach. (Eine noch ältere Zypresse im Iran zu besuchen kam mir dagegen zu schwierig vor oder vielmehr zu gefähr-

The Senator Tree, Bald Cypress #0907-0107 (~~3,500 years old~~; Seminole Co., Florida) DECEASED

SEMINOLE COUNTY, FLORIDA

lich.) Zum Senator konnte ich ja später immer noch fahren. Er stand schon seit 3500 Jahren dort, da kam es auf fünf Jahre mehr wohl kaum an.

Aber ich hatte mich getäuscht.

Extreme Langlebigkeit vermittelt manchmal einen falschen Eindruck von Dauerhaftigkeit. Wir lassen uns in eine Alltagsrealität fallen, der das langfristige Denken fehlt, und wiegen uns in der Sicherheit, dass Dinge, die »schon immer« da waren, auch da bleiben werden, und zwar unverändert. Aber ein hohes Alter ist nicht gleichbedeutend mit Unsterblichkeit. Auch zweite Chancen haben ein Verfallsdatum. Die verhältnismäßig leichte Erreichbarkeit und der scheinbare Mangel an Dringlichkeit machten mich träge, was die Rückkehr zum Senator anging.

Am 8. Februar 2012, wenige Tage, bevor ich auf der Suche nach einem 5500 Jahre alten Moos ein Schiff in die Antarktis besteigen sollte, kehrte ich zu den Überresten des uralten Baumes zurück. Ich traf mich mit Jim Duby, dem Manager des Seminole County Natural Lands Program, am verschlossenen Eingangstor des Nationalparks. Jim war seit dem Brand jeden Tag zum Senator gegangen. Zu diesem Zeitpunkt stand die Brandursache noch nicht fest, und natürliche Ursachen wie Blitzeinschlag wurden noch in Erwägung gezogen. Nachdem ich mit ihm gesprochen hatte, fiel es mir allerdings schwer, als Todesursache etwas anderes als menschliches Eingreifen anzunehmen. Es gab in den fraglichen Wochen keinerlei Aufzeichnungen über Gewitter in diesem Gebiet, und der Baum war erst vor Kurzem mit einem Blitzableiter versehen worden. Die Theorie, dass er einfach spontan und von selbst in Flammen aufgegangen war, kam mir absurd vor. Auf der anderen Seite war der Baum schon vor dem Feuer offensichtlich hohl gewesen, und ein Spalt im unteren Teil des Stammes, den man früher einmal mit Zement gefüllt hatte, war groß genug geworden, dass ein Mensch sich hindurchzwängen und im Innern stehen konnte. Oder ein Streichholz hineinwerfen und weglaufen. Der Senator war vermutlich vor langer Zeit der Axt der Holzindustrie entgangen, weil er hohl war, aber genau dieser Defekt war es, der ihm am Ende zum Verhängnis wurde.

Was hat den Senator also getötet? Ein paar Kids Anfang zwanzig auf Crystal Meth, die sich in den Park geschlichen hatten und in den Baum gestiegen waren. Sie zündeten Streichhölzer an, »um die Drogen besser sehen zu können«, und in Nullkommanichts verwandelte sich der hohle, hohe Stamm des Senators in Brennstoff und Rauchabzug zugleich.

Der Senator bekommt die Chance auf ein zweites Leben: Vor Jahren hat man Triebe vom Baum abgenommen und in einer Baumschule erfolgreich vermehrt. Im Februar 2013 wurde nach einer sorgfältigen Wurzelstabilisierung ein 13 Meter hoher, veredelter Baum mit Erfolg an die Stelle gepflanzt, wo der Senator gestanden hat, und dieser Baum hat bereits neue Triebe ausgebracht und ist ein Stück gewachsen. Vier Kunsthandwerker und mehrere Institutionen wurden beauftragt, Arbeiten zu Ehren des Senators anzufertigen, um sein Andenken zu bewahren. Sein Stumpf wurde in den angrenzenden Spielplatz integriert.

In Seminole County hat man einen Wettbewerb ausgelobt, um dem neu gepflanzten Klon einen Namen zu geben.

Es gewann »Der Phönix«.

{10}

Landkartenflechten

ALTER
3000 bis 5000 Jahre

ORT
Grönland

SPITZNAME

GEBRAUCHSNAME
Landkartenflechte

LATEINISCHER NAME
Rhizocarpon geographicum

Untitled

IGALIKU FJORD, GRÖNLAND

Map lichen R. Geographicum #0808-04A05 (3,000 years old)

Norse grave site

IGALIKU FJORD, GRÖNLAND

Verpasst man in Reykjavik, Island, den Flug nach Narsarsuaq, Grönland, dann muss man eine ganze Woche auf den nächsten warten. An einem Donnerstag im August 2008 räumte ich daher eilig mein Studio im Bard College im Staat New York, wo ich an einem Magister-Sommerkurs in Bildender Kunst teilgenommen hatte, ließ die Semesterabschlussparty sausen und fuhr, so schnell ich konnte, nach Brooklyn zurück, packte meine Koffer um und flog nach Island. Nach der Landung in Reykjavik hatte ich nur knapp eine Stunde, um zum anderen Flughafen zu fahren und meinen Anschlussflug nach Narsarsuaq zu erwischen. Auf diesen folgte mein erster Flug im Hubschrauber, und ich schaute unentwegt aus dem Fenster auf die ursprüngliche Landschaft und das Inlandeis, das den größten Teil der grönländischen Landmasse bedeckt.

Mein erstes Zusammentreffen mit dem Biologen Martin Bay Hebsgaard hatte im Sommer 2007 in einem Café an einem Kanal in Kopenhagen stattgefunden, als ich gerade dabei war, die Bilder der sibirischen Actinobakterien zu bearbeiten. Hebsgaard erzählte mir damals von uralten Flechten in Grönland, deren Alter auf über 5000 Jahre geschätzt wird, und lud mich ein, ihn auf eine Expedition zu begleiten, die er unternehmen wollte, um ein paar dänischen Archäologen durch Lichenometrie – die Messung des Flechtenwachstums auf Oberflächen – dabei zu helfen, ihre Schätzungen des Alters einiger altnordischer Ruinen zu überprüfen. Die Lichenometrie ist übrigens auch eine gute Methode, um Gletscherbewegungen zu messen.

Unsere Suche nach *Rhizocarpon geographicum*, landläufig als »Landkartenflechte« bekannt, verlief ziemlich planlos. Wir befanden uns grob gesehen in der richtigen Gegend, hatten aber keine genaue Ortsangabe. Es gab auch keinen Grund anzunehmen, dass die ältesten dieser Flechten bereits entdeckt worden sind. Wir wanderten von Qaqortoq, das in den letzten Zügen des kurzen Sommers lag, los, an einem Tag nach Norden, am nächsten nach Süden; in der Bucht trieben Eisberge, und der Himmel war metallgrau. Der Boden war verschwenderisch mit weichem, federndem Moos bedeckt, die Felsen bunt gefleckt von Flechten in allen möglichen Farben: Rentierflechten mit knallroten Nasen, gelbe Streifen, die sich wie Pinselstriche über die felsigen Leinwände zogen und dazwischen noch lila-, rot, grün- und orangefarbene Flechten. Graue und schwarze Flechtenfelder in der Nähe der Stadt waren mit Namen, Daten und Telefonnummern übersät – Flechtengraffiti (oder vielmehr »Kratziti«). Ich kam mir zugleich übermütig und ernsthaft vor bei meinem Versuch, auf diese Weise die älteste Flechte der Erde zu finden; es war ein bisschen absurd, aber letztendlich

Assorted young Map- and other lichens # 0808 – 3383

SÜDLICHES GRÖNLAND

Rock #0808-03A01

SÜDLICHES GRÖNLAND

standen die Chancen fifty-fifty, ein uraltes Lebewesen zu entdecken, das bisher noch von keiner Menschenseele bewusst betrachtet worden war.

Obwohl sie oft zu den Pilzen gezählt werden, sind Flechten in Wirklichkeit symbiotische Amalgame aus einem Pilz und einem photosynthetischen Partner, wie zum Beispiel der Grünalge (einer Pflanze) oder auch der Blaualge (einer Bakterie). Sie benötigen ein weitgehend unverschmutztes Umfeld, obwohl sie durchaus mit extrem schwierigen Bedingungen zurechtkommen. Ein paar Proben von *Rhizocarpon geographicum* waren Teil eines Experiments, das von der Hypothese ausging, Mikroorganismen ließen sich erfolgreich durch Meteoriten auf die Erde transportieren. Sie wurden zusammen mit anderen Flechtenarten zehn Tage lang den Bedingungen im Weltraum ausgesetzt und für »äußerst weltraumresistent« erklärt. In Grönland wächst die Landkartenflechte in 100 Jahren *einen Zentimeter*. Ganze Kontinente treiben mindestens hundert Mal so schnell auseinander. Oder wenn man menschliche Maßstäbe anlegt: *Ein ganzes Leben wird darauf verwendet, einen einzigen Zentimeter zu wachsen.*

Es gab keinen Moment, in dem wir verkündeten, die größte Flechte entdeckt zu haben; wir suchten stattdessen nach dem größten Exemplar, das sich in der uns zur Verfügung stehenden Zeit finden ließ. Gegen Ende der Woche wollte ich meine Flechtenjagd in Gesellschaft der bereits erwähnten Archäologen fortsetzen, und Hebsgaard sollte nach Singapur fliegen. Allerdings nicht direkt. Nachdem wir via Satellitentelefon die Nachricht erhalten hatten, dass das Boot der Archäologen kaputtgegangen war, schlug Hebsgaard vor, ich solle auf eigene Faust zu ihnen hinüberfahren, und half mir, einen Einheimischen mit einem Rennboot anzuheuern. Als ich ihn zum Hubschrauberlandeplatz brachte, versicherte er mir noch einmal, dass meine Wegbeschreibung richtig war, riet mir, »nach dem gelben Haus Ausschau zu halten«, und schmunzelte über meine Bedenken, die Archäologen auf der anderen Seite tatsächlich zu finden. Ich wünschte ihm gute Reise und machte mich auf den Weg zum Hafen.

Die Klippen sahen vom Boot unglaublich aus. Nach etwa einer Stunde Fahrt den Fjord hinauf bogen wir nach links ab und fuhren in eine Bucht, die so aussah wie alle anderen, und der Kapitän erklärte, wir seien am Ziel.

Das war also Sodre Igaliku. (Der Name entstammt dem »dänländischen« Dialekt – einer Mischung aus Dänisch und Grönländisch.) Nach einer Kletterpartie über die Felsen und durch unangenehm klebrigen Gletscherschlamm erblickte ich einen der grell orangefarbenen Überlebensanzüge für arktische Gewässer, die ihren Träger unweigerlich als Nicht-Einheimischen ausweisen. Und tatsächlich, ein Stück weiter oben stand an dem Schotterweg – der einzigen Alternative zum Schlamm – das gelbe Haus. Der Bootsbesitzer, dessen Namen ich nie erfahren habe, verabschiedete sich mit ein paar Worten in stockendem Englisch: Es gab eine Schafsfarm, falls ich Hilfe bräuchte. Einen Augenblick lang dachte ich daran, mit ihm nach Qaqortoq zurückzufahren, aber ich tat es nicht.

Ich hievte mir meinen Campingrucksack auf den Rücken, hing mir die Kameratasche um den Hals und stapfte den Hügel hinauf zu dem Haus. Die Tür klemmte, war aber nicht abgeschlossen. Es waren Leute da gewesen, aber sie wohnten jetzt nicht mehr hier. Ich suchte nach einer Nachricht, fand aber keine. Es musste etwa vier oder fünf Uhr nachmittags sein. Aus einer Zimmerecke starrte mich eine zerfledderte Puppe wie aus einem billigen Horrorfilm an. Der Ernst der Lage wurde mir plötzlich sehr bewusst: Ich war mutterseelenallein irgendwo in der Wildnis. Es gab keine Möglichkeit, jemanden anzurufen. Keine Vorräte. Ich hatte keine Ahnung, wo ich nach den anderen suchen sollte, keine Ahnung, ob sie überhaupt wussten, dass ich herkommen wollte, oder wann sie eventuell hierher zurückkehren würden. Ich setzte alles außer meiner Kamera ab und ging die Straße hinauf.

Nie im Leben hatte ich mich so allein gefühlt, war die Stille so greifbar gewesen, dass ich ihren Druck förmlich auf dem Trommelfell spürte und mein Herz laut in meiner Brust schlug.

In der Nähe des gelben Hauses standen noch ein paar andere Gebäude, die alle mehr oder weniger verlassen wirkten. Ein verfallender Schuppen mit einem Schild, auf dem »Snack Bar« zu lesen war, stand in der Nähe des Ufers und wirkte so lächerlich, dass er mir trotz meiner Verzweiflung ein Grinsen entlockte. Weiter oben am Hang stieß ich tatsächlich auf eine bewirtschaftete Farm. Ein Hund bellte, als ich zögernd ein paar steile Stufen hinaufging. Ich klopfte an die Tür und wartete. Ich klopfte noch einmal. Schließlich öffnete ein Mann Ende 40, dünn, mit ausdruckslosem Gesicht, der kein bisschen erstaunt wirkte über den Anblick einer einzelnen Frau, die sich mitten in dieser Wildnis auf seine Türschwelle verirrt hatte. Er sprach kein Englisch, ich kein Grönländisch. Ich legte eine Hand an die Stirn, kniff die Augen zusammen und tat so, als blicke ich in die Ferne, um ihm zu verstehen zu geben, dass ich etwas suchte. Nichts. Ich machte grabende Gesten, in der Hoffnung, damit auf Archäologen hinzuweisen. Nichts. Dann fiel mir ein, dass ich in Qaqortoq in der Woche zuvor

Shed #0808-15B33

QAQORTOQ, GRÖNLAND

ein paar Bilder von unserem Team gemacht hatte, und zog meine Kamera aus der Tasche. Mit kaum mehr als einem undurchsichtigen Nicken zeigte er die Straße hinunter. Das einzige Wort, das ich verstand, hatte Ähnlichkeit mit »Kilometer«. Dann machte er die Tür wieder zu.

Ich werde nicht in der arktischen Steppe herumirren und sterben, nur weil ich schlecht ausgerüstet bin und mich zu weit hinausgewagt habe, um ein paar alte Flechten zu finden.

Ich kehrte zum gelben Haus zurück und bereitete mir auf dem Gasherd die eine vollständige Mahlzeit zu, die meine – nur für alle Fälle mitgebrachten – Essensvorräte hergaben. Es gab kein fließendes Wasser, aber in der Küche stand ein gefüllter Krug, vermutlich mit Wasser aus dem Fluss. Obwohl es erst in einigen Stunden dunkel wurde, zündete ich Kerzen an und stellte sie an die Fenster, in der Hoffnung, dass jemand sie entdecken würde. Ich fühlte mich unwohl, versuchte aber, mich innerlich auf die kommende Nacht vorzubereiten. Ich mied jeglichen Augenkontakt mit der Puppe.

Zwei Stunden später, an Schlaf war noch nicht zu denken, hörte ich einen Lastwagen. Ich atmete tief aus, als eine Frau und ihr Ehemann zum Haus heraufkamen. Die Hütte gehörte ihnen. Die Archäologen hatten sich anscheinend getrennt und an zwei neue Grabungsstätten begeben, die eine Gruppe auf die andere Seite der breiten Bucht, die anderen ein paar Kilometer weiter die Straße hinauf. Ich stopfte meine Sachen zurück in den Rucksack und stieg, von Erleichterung überwältigt, in den Pick-up des Paares.

Es war dunkel, als wir vor dem kleinen Schulhaus eintrafen. Nachdem ich geklopft hatte und eintrat, hörte ich einen Fernseher. Diese Hälfte des Teams bestand aus drei Studenten der City University of New York, die sich gerade *Fluch der Karibik* anschauten. Sie boten mir einen mehr als willkommenen Drink an und waren belustigt – wenn auch kein bisschen erstaunt – darüber, dass ich sie aufgespürt hatte. Die Absurdität der Situation war vollkommen. Später ärgerte ich mich ein bisschen darüber, dass niemand daran gedacht hatte, mir wenigstens eine Nachricht zu hinterlassen. Andererseits werde ich nach diesem Erlebnis nie wieder auch nur mit dem Gedanken spielen, mich allein und ohne Ausrüstung in die Wildnis zu begeben.

Alles in allem war ich kaum länger als acht Stunden auf mich allein gestellt gewesen, aber jetzt fällt mir doch auf, was für eine seltene Erfahrung es ist, wirklich einsam zu sein; ein einzelnes Individuum, das von allen anderen seiner Art getrennt wird. Und so habe ich auf der Suche nach diesen Flechten ganz unverhofft eine Lektion Demut gelernt und das prägende Gefühl der Leere erfahren, das schon ein paar Stunden des Abgeschnittenseins auslösen können – von ein paar Jahrtausenden ganz zu schweigen.

Am nächsten Tag entdeckte ich die älteste Landkartenflechte dieser Expedition.

TAXONOMIE NACH LINNÉ

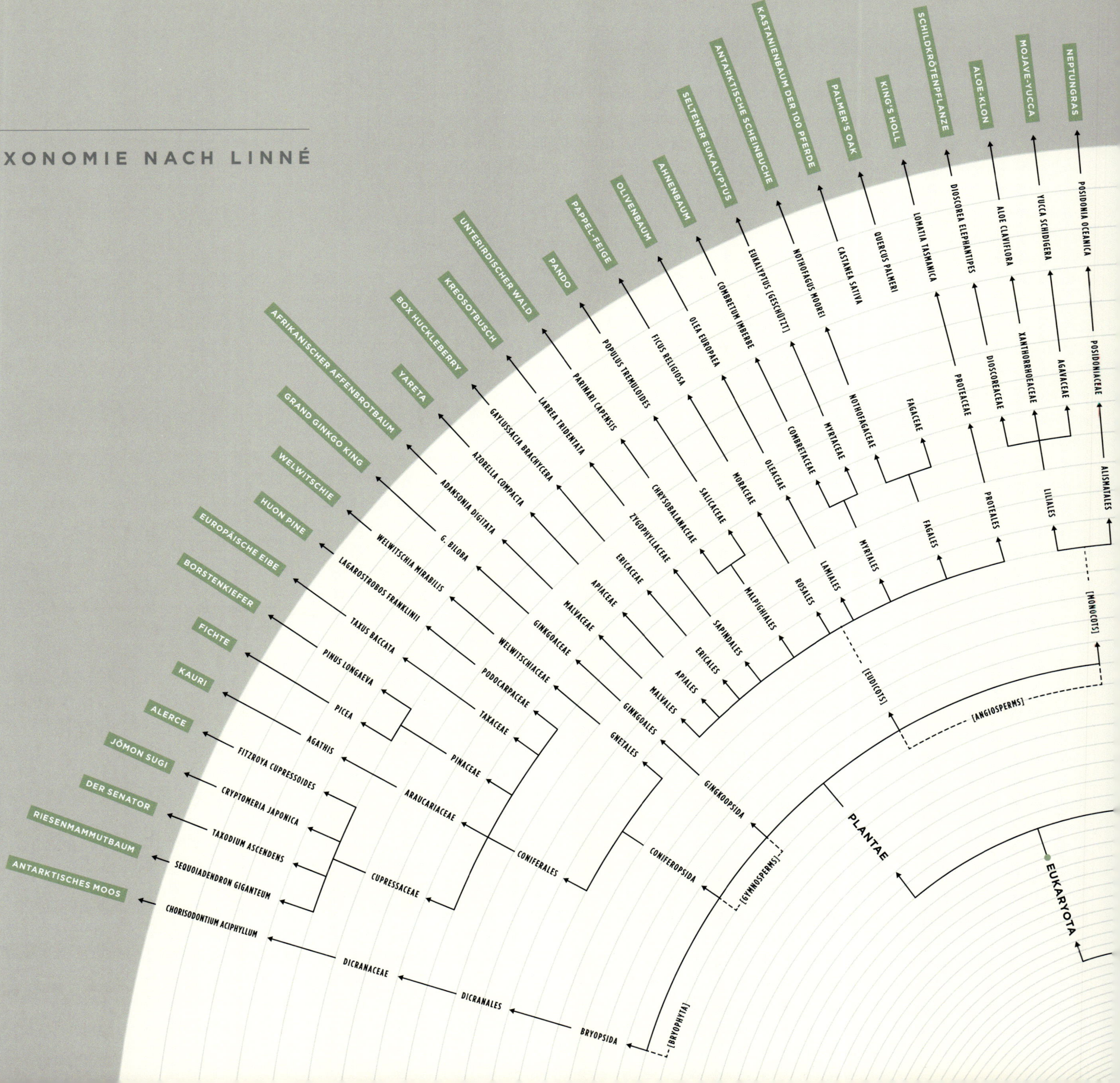

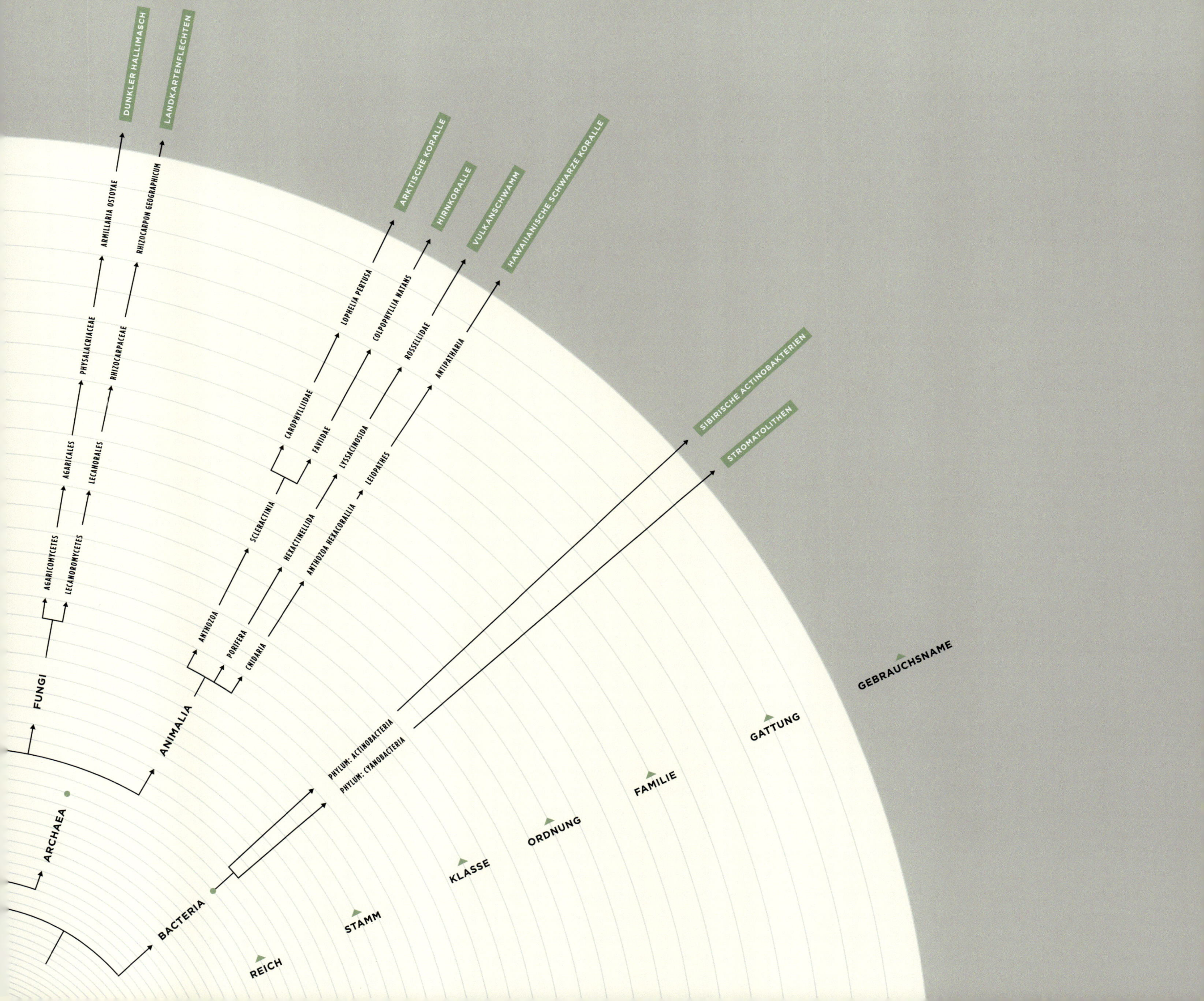
DUNKLER HALLIMASCH
LANDKARTENFLECHTEN
ARKTISCHE KORALLE
HIRNKORALLE
VULKANSCHWAMM
HAWAIIANISCHE SCHWARZE KORALLE
SIBIRISCHE ACTINOBAKTERIEN
STROMATOLITHEN
ARMILLARIA OSTOYAE
RHIZOCARPON GEOGRAPHICUM
PHYSALACRIACEAE
RHIZOCARPACEAE
AGARICALES
LECANORALES
AGARICOMYCETES
LECANOROMYCETES
LOPHELIA PERTUSA
COLPOPHYLLIA NATANS
ROSSELLIDAE
ANTIPATHARIA
CAROPHYLLIIDAE
FAVIIDAE
LYSSACINOSIDA
LEIOPATHES
SCLERACTINIA
HEXACTINELLIDA
ANTHOZOA HEXACORALLIA
ANTHOZOA
PORIFERA
CNIDARIA
FUNGI
ANIMALIA
ARCHAEA
BACTERIA
PHYLUM: ACTINOBACTERIA
PHYLUM: CYANOBACTERIA
REICH
STAMM
KLASSE
ORDNUNG
FAMILIE
GATTUNG
GEBRAUCHSNAME

SÜDAMERIKA

{11}

Yareta

ALTER
3000 Jahre

STANDORT
Atacama-Wüste, Chile

SPITZNAME

GEBRAUCHSNAME
Yareta, Llareta

LATEINISCHER NAME
Azorella compacta

La Llareta #0308-23B26 (up to 3,000 years old)

Llareta leaf clusters #0308-2498

ATACAMA-WÜSTE, CHILE

Baby llareta # 0308-2539

PARQUE LAUCA, CHILE

Llareta field or "llaretal" # 0308-2519

ATACAMA-WÜSTE, CHILE

Llareta # 0308 - 2B31 (2,000+ years old)

ATACAMA-WÜSTE, CHILE

Parque Luaca #0308 - 13B05

NORDCHILE

Dying llareta # 0308-2B29

ATACAMA-WÜSTE, CHILE

Die Yareta (beziehungsweise Llareta) ist in einem der trockensten Gebiete der Erde zu Hause, in der Atacama-Wüste, die stellenweise als »absolute Wüste« gilt (was für mich unwillkürlich so klingt wie »absolut woanders«, die physikalische Bezeichnung für die relative Position eines Punktes oder einer Person in der Raum-Zeit; ein Thema, das jedes Gespräch mit Leichtigkeit in eine philosophische Richtung lenkt). Einige Teile der Atacama-Wüste haben seit Beginn der Wetteraufzeichnung nicht einen Tropfen Regen gesehen – und in den Millionen von Jahren davor womöglich auch nicht. Zugegeben, die menschlichen Aufzeichnungen sind im Hinblick auf das große Ganze nichtig. Aber ehe wir allzu philosophisch werden, kommt uns das Absurde zu Hilfe: Die Yareta gehört zur Familie der *Apiaceae*, Doldenblütler, und ist damit eine Verwandte von Petersilie, Möhre, Sellerie, Fenchel und vielen anderen aromatischen Gewächsen, die Sie womöglich heute schon gegessen haben. Yaretas leben in den höher gelegenen Regionen der Atacama-Wüste, außerhalb der absoluten Wüste, in Gebieten, wo Küstennebel und manchmal auch ein paar Regentropfen niedergehen.

Erfahren habe ich von der Yareta auf Flickr, durch jemanden, den ich gar nicht kannte, der aber in einem Blog von meiner bevorstehenden Chile-Reise gelesen hatte. Mir gefiel der Gedanke, in die absolute Wüste zu fahren, um nach 3000 Jahre alter Petersilie zu suchen.

Die Botanikerin Eliana Belmonte lieh sich von der University of Tarapaca in Arica, wo sie als Dozentin tätig ist, eine *camioneta*, einen Pick-up, und wir fuhren los, von der Küste aus die steile Bergstraße hinauf bis in die Hochebene, den *altiplano*. Belmonte ist eine Freundin der Stiefmutter meiner guten Freundin Tonia Steed. Eigentlich hatte mich Tonia auf dieser Expedition begleiten wollen, konnte dann aber wegen eines Problems mit ihrem Reisepass nicht mitkommen. Trotzdem wohnte ich bei ihrem Stiefbruder und seiner Frau, die in Santiago leben. Die beiden waren zuvorkommende Gastgeber und luden mich am Ende meiner Reise ein, noch einmal wiederzukommen. Belmonte, die sich beruflich hauptsächlich mit Queñua-Bäumen – den einzigen Bäumen, die im Hochland wachsen – beschäftigt, kennt sich sehr gut mit der lokalen Flora aus. Sie schlug vor, ich solle ihren Fahrer, Marisol, engagieren, um uns in den nächsten paar Tagen durch das schwierige Terrain zu chauffieren, und so brachen wir auf, verließen die Küste und begaben uns in die knochentrockenen Berge.

Unseren ersten Halt außerhalb von Arica machten wir, um Tee zu trinken und Sauerstoff zu tanken. Ein paar Freunde von Belmonte leiten eine Art Do-it-yourself-Wüstentour- und Ausbildungsprogramm. Vor ihrem Haus, in dem auch das Tour-Center beheimatet ist, sah es aus wie auf einem bunt dekorierten Hippie-Gelände, und drinnen gab es alle möglichen Schätze – Fossilien, Pfeilspitzen, alte Tontöpfe, Sternenkarten, ein Bild von Einstein und etwas, das auf den ersten Blick wie ein Dialysegerät aussah, in dem sich aber der Sauerstoff befand. Wir waren bereits auf einer Höhe von 3000 Metern, und ich spürte, wie mein Herz schneller schlug als sonst. Die beiden zeigten uns eine Atemübung:

1. *Mit einer Hand über die Brust greifen und das gegenüberliegende Nasenloch zuhalten.*
2. *Tief einatmen.*
3. *Hand und Nasenloch wechseln und erneut tief einatmen.*
4. *Zehn Mal wiederholen.*

Nach dem vielen Atmen, einer Runde mit der Sauerstoffmaske und einem Tee aus Koka-Blättern und verschiedenen Pflanzenzweigen, die die Kinder der Familie gleich draußen vor der Tür gepflückt hatten, fühlte ich mich gut akklimatisiert.

An jenem Nachmittag kamen wir bis Putre, einer kleinen Stadt, die noch weiter oben auf dem *altiplano* lag, um uns an das Klima zu gewöhnen, ehe wir uns auf der Suche nach der Yareta in noch größere Höhen begaben. Nachdem wir im Licht des Spätnachmittags ein bisschen durch die Stadt spaziert waren, machten wir uns auf den Weg zum Abendessen im *La Paloma*, einem von den Restaurants, die nur ein einziges Tagesgericht auf der Karte haben, und da ich kein Fleisch esse, erwies sich das als gewisses Problem. Ich fragte, ob sie mir ein bisschen Gemüse zubereiten könnten, und sie erklärten sich nach einigem Zögern dazu bereit. Belmonte schlug vor, dass sie noch ein paar Nudeln dazu machten – *verduras con fideos*. Was ich bekam, war ein Teller gekochte Spaghetti – sonst nichts. Ich würzte sie mit dem, was auf dem Tisch stand – Salz, *salsa picante* –, aber was sich aus Nudeln pur machen lässt, hält sich in Grenzen. Als wir wieder in Santiago waren, erfuhr ich, dass die Betreiber des *La Paloma* alle möglichen Geschäfte in Putre besitzen: das Restaurant, das Hotel, den Laden, eine Poststation – aber ihre Hauptaktivität ist der Drogenhandel an der nahe gelegenen bolivianischen Grenze. Das erklärte ihr mangelndes Interesse an meinem Abendessen.

Am nächsten Tag machten wir uns auf die Suche nach Yaretas. Was wie Moos auf einem Felsen aussieht, ist in Wirklichkeit ein Strauch, der aus Tausenden von Zweigen mit winzigen Blättern an den Enden besteht. Sie wachsen so dicht, dass man tatsächlich darauf stehen könnte. Nicht, dass ich dazu raten würde; in dieser Höhe, auf 4500 Metern, wurde mir schon beim Fotografieren schwindlig. Die Yareta treibt im Frühjahr gelbe Blüten, die allerdings zu der Zeit nicht zu sehen waren. Weil sie trocken ist und dicht wächst, brennt die Yareta sehr gut, ähnlich wie Torf. Durch ihre Eignung als Brennstoff ist das Überleben der Pflanze gefährdet, denn sogar die Park Ranger, die mit ihrem Schutz beauftragt sind, verbrennen sie anscheinend in kalten Nächten, um sich warm zu halten. Die Yareta wächst höchstens einen Zentimeter im Jahr, und daher ist es kein sehr nachhaltiges Unterfangen, sie zum Heizen zu verwenden.

Wir verließen diese Yareta (vielmehr dieses Feld von vielen Yaretas), um uns noch weitere anzuschauen, die im Parque Lauca wuchsen. Obwohl wir keine älteren Exemplare entdeckten, wurde doch die Landschaft umso üppiger, je höher wir kamen, und bildete einen immer größeren Kontrast zu der scheinbar leblosen Wüste unter uns. Beim Betreten des Parks sahen wir über 6000 Meter hohe, schneebedeckte Berge, die von Seen und herumspazierenden Flamingos umgeben waren. Primitiv wirkende Vögel wateten am anderen Ufer herum, vervollständigten den mesozoischen Gesamteindruck und schienen nichts davon zu wissen, dass sich die Erde um sie herum stark verändert hatte. Ab und zu sieht man etwas so grotesk Schönes, dass man nur noch lachen kann.

{12}

Alerce

ALTER
2200 Jahre

STANDORT
Patagonien, Chile

SPITZNAME
Alerce Milenario, El Tata

GEBRAUCHSNAME
Alerce, Patagonische Zypresse

LATEINISCHER NAME
Fitzroya cupressoides

Alerce Milanaria Patagonian Cypress # 0308-4A17 (2,200 years old)

ALERCE-COSTERO-NATIONALPARK, CHILE

Alerce Milanaria Patagonian Cypress # 0308-17B37 (2,200 years old)

ALERCE-COSTERO-NATIONALPARK, CHILE

Alerce bite, Patagonian Cypress #0308-16B22

ALERCE-ANDINO-STAATSFORST, CHILE

A country road, a pig

ALERCE-COSTERO-NATIONALPARK, CHILE

Alerce Andino National Forest #0308-9B35

PATAGONIEN, CHILE

Der Gedanke, ganz allein die Panamericana entlangzufahren, machte mich nervös. Trotz der Versicherungen meiner Bekannten vor Ort, dass es völlig ungefährlich sei, malte ich mir Szenarien aus, die solche Beschwichtigungen ad absurdum führten. Wovor ich eigentlich Angst hatte, war natürlich das Unbekannte.

Dennoch flog ich hinunter in die Region X. Abgesehen von meinen Befürchtungen gefiel mir das Mysteriöse an diesem Namen, das Assoziationen an das Bermuda-Dreieck heraufbeschwor. Dann erfuhr ich, dass man die römische Zahl inzwischen durch die zutreffend deskriptive Bezeichnung *Región de los Lagos*, Land der Seen, ersetzt hatte. Nach einer Woche in der Atacama-Wüste wirkten die Seen und Flüsse hier geradezu verschwenderisch, selbst angesichts der Buschfeuer, die noch hier und da schwelten.
Nach ein paar verwirrten Blicken und durch hartnäckige Beharrlichkeit bekam ich ein Allradfahrzeug mit Automatikgetriebe (Im Laufe meiner Abenteuer habe ich so manches gelernt, aber das Fahren mit Gangschaltung gehört nicht dazu.). Und dann war ich unterwegs. Die Straße war frisch geteert, das Wetter fantastisch. Ich machte das Radio an, und es spielten gerade die Pixies – eine meiner Lieblingsbands aus Teenagertagen. Ich fuhr den ganzen Weg bis Valdivia mit einem Lächeln auf dem Gesicht, sehr erleichtert, dass sich meine Ängste als unbegründet erwiesen, und begann den nächsten Teil meiner Reise ganz entspannt.

Ich hatte mit Antonio Lara, einer Koryphäe auf dem Gebiet der Patagonischen Zypressen an der Universidad Austral de Chile, korrespondiert. Den Kontakt hatte Nate Stephenson vom Kings-Canyon-Nationalpark für mich hergestellt. Die Alerce-Zypressen gehören, ebenso wie die nordamerikanischen Riesenmammutbäume, zur Familie der *Cupressaceae*. Es ist also kein Zufall, dass sich diese Wissenschaftler persönlich kennen. (Allerdings ist das nicht immer der Fall. Viele Wissenschaftler, mit denen ich mich getroffen habe und die sich mit ähnlichen Forschungsgebieten beschäftigten, hatten von den Studienobjekten der anderen noch nie gehört, geschweige denn kannten sie sich persönlich. Ich versuche, dem abzuhelfen, wo immer ich kann.) Als ich ankam, hatte Lara keine Zeit, sich mit mir zu treffen, aber Jonathan Barichivich, ein junger Student, der zufällig in dem Wald aufgewachsen war, stand mir als fachkundiger Führer zur Verfügung. Sein Bruder ist sogar Ranger im Alerce Costero Natural Monument, das inzwischen zum Nationalpark erklärt worden ist.

Die Teerstraße endete schon lange, bevor wir in dem betreffenden Gebiet ankamen, und ein großer Teil des Sandwegs war bis auf den sehr unebenen, felsigen Untergrund ausgewaschen, deshalb brauchte ich den Allradantrieb. Dieses Gebiet hätte selbst dem machomäßigsten Jeep-Werbeclip zur Ehre gereicht. Große Teile der alten Waldgebiete in der Valdivia-Region sind längst durch Abholzung zerstört worden – und so hat auch der Alerce-Costero-Nationalpark nicht mehr allzu viel vom Grandeur des alten Bewuchses zu bieten. Die Barichivich-Brüder und ich wanderten in den Park hinein und entdeckten hier und da einen hohen Baum; dann, nach einer Wegbiegung, am Beginn eines steilen Hangs, stand plötzlich der Alerce Milenario vor uns im Nachmittagslicht. Sein genaues Alter ist noch unbekannt, aber man weiß sicher, dass er über 2200 Jahre alt ist; die Kernbohrung, bei der das Alter bestimmt wurde, war nicht tief genug, um den gesamten Radius bis ins Mark zu erfassen, daher wurden die innersten Jahresringe nicht mitgezählt.

Als wir von unserer Wanderung zurückkehrten, luden der Ranger und seine Frau uns in ihr Haus am Rand des Parks ein und tischten Brot auf, das gerade aus dem altertümlichen gusseisernen Ofen kam und noch warm war. Dazu gab es selbst eingelegtes Gemüse und eben erst gesammelte Eier vom Hof. Alles war von exquisiter Schlichtheit. Ich war schon immer dafür, dass wir unseren Platz in der Nahrungskette bewusst einnehmen und wissen, woher unser Essen stammt.

Später, als ich die Alerce-Forschungsberichte noch einmal durchging, fiel mir auf, dass selbst reine Fakten und Tabellen manchmal irreführend sein können. Soweit ich den Texten entnehmen konnte, sind die Laien-Berichte von einer 3620 Jahre alten Patagonischen Zypresse falsche Interpretationen eines veröffentlichten Forschungsberichts, in dem eine Jahresring-Chronologie enthalten ist, die zum Zwecke der Erstellung eines linearen Temperaturverzeichnisses angelegt wurde. Dieses Verzeichnis enthält Daten von verschiedenen Bäumen, nicht nur von einem einzigen 3620 Jahre alten Exemplar. Daran lässt sich leicht erkennen, wie schnell sich falsche Informationen verbreiten: Es braucht nur irgendjemand etwas falsch zu verstehen, und jemand anders wiederholt es.

Weiter im Süden Patagoniens, im Alerce-Andino-Staatsforst, wurde ein anderer uralter Baum vor dem vorzeitigen Tode bewahrt, auch wenn er nicht ganz ungeschoren davongekommen ist: Laut meines Führers vom Gästehaus im Park hatte man die Säge bereits in den Stamm des Baumes geschlagen, aber als die Holzfäller bemerkten, dass er innen hohl ist, brachen sie die Arbeit ab und ließen ihn stehen. Er war die Mühe nicht wert. Nicht zum ersten Mal hat sich ein physischer Makel als lebensrettend erwiesen.

{13}

Hirnkoralle

ALTER
2000 Jahre

STANDORT
Speyside, Tobago

SPITZNAME

GEBRAUCHSNAME
Hirnkoralle, Kugel-Hirnkoralle

LATEINISCHER NAME
Colpophyllia natans

Brain Coral #0210 – 4540 (2,000 years old)

SPEYSIDE, TOBAGO

Brain Coral; crest #0210-4805 (2,000 years old)

SPEYSIDE, TOBAGO

Sea grass near coral site #0210-4939

SPEYSIDE, TOBAGO

An einem dunklen Winterabend in London unterhielt ich mich bei einem Cocktail-Empfang der Linné-Gesellschaft mit einem Biologen. Es dauerte nicht lange, bis wir auf alte Organismen zu sprechen kamen, und er erinnerte sich an einen Familienurlaub auf Trinidad und Tobago, bei dem er eine Hirnkoralle gesehen hatte, deren Alter auf 2000 Jahre geschätzt wird. Korallen. Korallen sind *Tiere*. Für mich war das ein bewegender Moment, denn angesichts der Tatsache, dass es die älteste Schildkröte gerade mal auf 188 Jahre gebracht hat, die ältesten Wale vielleicht 200 Jahre alt sind und die 405-jährige Venusmuschel aus dem Nordatlantik tragischerweise im Labor verstorben ist, als die Wissenschaftler gerade dabei waren, ihr Alter zu bestimmen, hätte ich nicht gedacht, dass in diesem Projekt überhaupt Tiere vorkommen würden. Zwar gibt es noch die sogenannten unsterblichen Quallen, die ins Polypenstadium zurückfallen können, nachdem sie bereits voll entwickelte Organismen gewesen sind. Sosehr wir auch hoffen mögen, dass sie uns eines Tages helfen können, die Geheimnisse der Unsterblichkeit zu entschlüsseln, besteht doch wenig Grund zu der Annahme, dass eine einzelne Qualle bei den vielen Fressfeinden, die sie um sich hat, tatsächlich so lange überlebt.

Mit der Hirnkoralle begegnete mir zum ersten Mal ein Wesen aus dem Tierreich, das die 2000-Jahre-Marke überschritten hat.

Das bedeutete allerdings auch, dass ich tauchen lernen, meine Angst vor tiefem Wasser und mein existenzielles Unbehagen angesichts der Größe und der Gefahren des Ozeans überwinden musste.

Aus diesem Grund fand ich mich ein Jahr später an einem anderen dunklen Winterabend in einem Schwimmbad in Manhattan wieder, wo es so kalt war, dass meine Zähne klapperten. (Ich dachte an die Teilnehmer der Aktion *No Pants Subway Ride*, die ich auf dem Weg in die Stadt im Zug gesehen hatte und die ohne Hosen unterwegs waren, aber das hier war mit Sicherheit noch unangenehmer.) Ich unterschrieb die medizinische Verzichtserklärung, in der stand, dass ich vollkommen gesund sei, obwohl ich in Wirklichkeit seit einiger Zeit wegen eines Bandscheibenvorfalls in der Lendenwirbelsäule beträchtliche Schmerzen hatte. Als wir die schwere Sauerstoffflasche hochheben und tragen mussten, hat meine Schwester Lisa mir unauffällig geholfen (Die Schwimmstunden waren ein Geschenk von meinem damaligen Freund für uns beide gewesen.); wir waren wie Schulkinder, die beim Test voneinander abschreiben.

Brain Coral #0210 - 4501 (2,000 years old)

SPEYSIDE, TOBAGO

Einen Monat später befand ich mich am östlichsten Punkt von Tobago, an einem traumhaft schönen, geschützt gelegenen Strand, machte meinen Tauchschein (für offene Gewässer), lernte das Fotografieren unter Wasser und versuchte, ein neues Motiv bildlich einzufangen. Gleichzeitig versuchte ich, mit dem umzugehen, was zwischen mir und R. los war. Obwohl wir schon seit etlichen Jahren zusammen waren, begleitete er mich zum ersten Mal auf einer Expedition, und die Situation war nicht gerade ideal. Als wir ankamen, waren unsere Namen mit Blütenblättern auf eines der beiden Betten in dem leicht schäbigen Strandmotel geschrieben; am Ende schlief ich in dem einen und R. in dem anderen Bett.

Aber ich war ja gekommen, um mich kopfüber in die Arbeit (und ins Wasser) zu stürzen. Oder besser gesagt: um mit Schwimmflossen an den Füßen ungelenk über den Strand zu watscheln und mich später an der Tauchstelle seitwärts vom Motorboot hineinfallen zu lassen. Man hat mir gesagt, beim ersten Tauchgang ins tiefe Wasser seien meine Augen so groß wie Untertassen gewesen. Das ist kaum verwunderlich, denn ich klebte fast die ganze Zeit an unserem Tauchlehrer, aber als ich mich dann doch ein wenig umschaute, entspannte ich mich etwas. Der Anblick der Koralle raubte mir schier den Atem. Sie lebt in etwa 18 Metern Tiefe und ist mit einem Durchmesser von circa fünfeinhalb Metern sowohl die größte als auch die älteste bekannte Hirnkoralle. Sie sah aus wie ein Ding aus einem Science-Fiction-Film: ein ramponierter alter Mond oder Meteor.

Korallen besitzen kein Rückgrat (das ist wörtlich gemeint, denn sie gehören zu den Wirbellosen) und bauen sich selbst ein Außenskelett aus Calciumkarbonat, das sie dem Meerwasser entziehen. Bei der Hirnkoralle arbeiten die einzelnen genetisch identischen Polypen zusammen, um die gewölbte hirnähnliche Gestalt der Kolonie zu erzeugen. Jeder Polyp hat sein eigenes Tentakel-Set, das eine einzige Öffnung umgibt, die zugleich Mund und Anus ist. (Mit anderen Worten, sie scheißen aus demselben Loch, mit dem sie essen.) Um ihr geheimnisvolles Science-Fiction-Image noch zu verstärken, fahren die Hirnkorallen nachts ihre stechenden Tentakel aus, um vorbeischwimmende Beute einzufangen.

Allerdings war ich definitiv noch nicht bereit für einen Nachttauchgang.

Zwar wurde ich mit jedem folgenden Tauchgang entspannter, aber im Gegenzug verschlechterten sich parallel dazu die Bedingungen. Das Wetter wurde stürmisch, was unter Wasser kein Problem gewesen wäre, hätte nicht der Mondzyklus gleichzeitig dafür gesorgt, dass mehr Schlick aufgewühlt und damit die Sicht zunehmend getrübt wurde. Als ich beim Tauchen endlich eine gewisse Sicherheit erlangt hatte, war die Sicht praktisch gleich null.

In den folgenden Jahren erfuhr ich, dass es zwei noch wesentlich ältere Korallen als diese Hirnkoralle gibt. Die eine gehört derselben Ordnung, *Scleractinia*, an und ist ein in tiefem und sehr kaltem Wasser lebendes Exemplar vor dem norwegischen Kontinentalschelf in der Arktis, das 6000 Jahre alt ist. Die andere, die *Leiopathes*-Koralle, zu der keine unmittelbare Verwandtschaft besteht, lebt in noch einmal erheblich tieferem Wasser vor dem hawaiischen Archipel und zählt 4270 Jahre. Beide sind am besten mit U-Boot oder einem ferngesteuerten Fahrzeug (ROV) zu betrachten. Ein noch älteres Tier ist der sogenannte Fass- oder Vulkanschwamm, dessen ältestes Exemplar auf etwa 15 000 Jahre geschätzt wird. Es wurde mit einem speziellen ROV, das zur Erkundung der Gewässer unter dem Eis entwickelt wurde, vor der McMurdo-Eisplatte in der Antarktis aufgespürt. Diese Entdeckungen liegen alle erst kurze Zeit zurück, und ich kann nicht umhin, immer wieder daran zu denken, welch große Rolle das Glück bei solchen Entdeckungen, die dem Finden der berühmten Nadel im Heuhaufen gleichkommen, immer wieder spielt.

In den letzten Jahren wurde die Hirnkoralle von Speyside von einem Schwarm hungriger Papageienfische attackiert, die einigen Schaden angerichtet haben, aber von ihrem Opfer abließen, ehe es tödlich verletzt war. Und die Koralle war weit genug von der durch die Bohrplattform *Deepwater Horizon* verursachten Ölpest im Golf von Mexiko im Jahre 2010 entfernt, um davon nicht direkt betroffen zu sein, aber das war wirklich reines Glück. Und Glück, so wunderbar es auch sein mag, wenn es einem hold ist, ist auf lange Sicht keine sehr verlässliche Überlebenstrategie.

Bei meinem letzten Tauchgang stach mich etwas am Knie. Ich habe es zuerst kaum bemerkt, aber kaum war ich aus dem Wasser gestiegen, fing die Haut an der Stelle an zu brennen. Bis ich wieder zu Hause in Brooklyn war, hatten sich dicke rote Beulen gebildet, und mein Knie und mein Gesicht waren so geschwollen, dass ich einen Arzt aufsuchte. Die Entzündung ging durch die Medikamente, die mir verschrieben wurden, zurück, aber die Beschwerden im Knie blieben: Ich war von einer Feuerkoralle gestochen worden, die sich unter der Haut eingenistet hatte und sich nun monatelang dort zu Hause fühlen würde. Eine durchaus interessante evolutionäre Taktik: Wenn ein Mensch – oder auch ein anderes Meereslebewesen – die Koralle aus Versehen berührt ... dann kommt sie einfach mit ihm mit.

EUROPA

{14}

Europäische Eibe

ALTER
2000 bis 5000 Jahre

STANDORT
Fortingall, Schottland

SPITZNAME
Fortingall-Eibe, Llangernyw-Eibe

GEBRAUCHSNAME
Europäische Eibe, Gemeine Eibe, Eibe

LATEINISCHER NAME
Taxus baccata

The Yew #0707-10332 (2,000 – 5,000 years old)

Fortingall Yew # 0707-09919 (2,000-5,000 years old)

Alte Eiben sind auf Kirchhöfen in England und Schottland durchaus keine Seltenheit – tatsächlich gibt es insgesamt 500 Exemplare, die älter sind als die Gebäude, neben denen sie stehen. Die Eiben waren also zuerst da, dann folgten die Kirchen. Dazu gibt es etliche Theorien: Der Eibe wird eine ganze Bandbreite von symbolischen Bedeutungen zugeschrieben – von dunklen Prophezeiungen bis hin zu Unsterblichkeitsmythen. Höchstwahrscheinlich besaß der Baum einen besonderen Status in der heidnischen Kultur, deren Symbolik sich im Laufe der Zeit mehr und mehr der christlichen anglich. Die Fortingall-Eibe in Schottland und die Llangernyw-Eibe in Wales sind beide mit Sicherheit älter als 2000 Jahre und stammen damit eindeutig aus vorchristlicher Zeit.

Bei der Altersbestimmung der Fortingall-Eibe ist die Marge relativ groß: Sie wird auf 2000 bis 5000 Jahre geschätzt. Einen Hauptstamm, von dem man eine Kernprobe nehmen könnte, besitzt sie nicht mehr, denn sie ist schon seit Langem in mehrere kleine Teilstämme gespalten. (Das gilt übrigens auch für die Llangernyw-Eibe.) Man glaubt, dass junge Männer im Hohlraum des einst intakten Stammes Lagerfeuer veranstaltet und so die Zerstörung beschleunigt haben. Schon in den 30er-Jahren des 19. Jahrhunderts hatten die Leute so viele Souvenirs von dem Baum mitgenommen, dass man zu seinem Schutz eine dicke Steinmauer errichtete.

Als ich in Edinburgh ankam, war ich bereits sechs, sieben Wochen unterwegs gewesen und gerade erst aus Südafrika in nördliche Breiten zurückgekehrt. Ich fuhr nach Norden aus der Stadt hinaus und mietete mir ein freies Zimmer in einer kleinen Familienpension in Aberfeldy (bekannt durch seine Whiskybrennerei), einem Städtchen, das nur wenig größer ist als Fortingall. Es war sehr hübsch dort, aber zu dem Zeitpunkt war ich das Reisen wirklich leid. Der Nachmittag war niederschlagsfrei gewesen, sodass ich in Ruhe fotografieren konnte, aber dann setzte der Regen ein – und der Strom fiel aus. Anstatt mich zum Arbeiten in mein Zimmer zurückzuziehen, verbrachte ich daher den Abend bei Kerzenlicht und einem Glas vom örtlichen Scotch (obwohl mir die torfigen Islay-Whiskys eigentlich lieber sind, denn sie erinnern mich an die Motive, die ich fotografiere) am Küchentisch und unterhielt mich mit meinen Gastgebern. Sie erzählten, dass Joanne K. Rowling das Haus nebenan besaß und dass es im Winter nur sieben Stunden hell war. Der Mann gehörte einer Gruppe von Radsportlern an, die an Winternachmittagen mit Kopflampen ausgestattet trainieren, um gegen die beklemmende Dunkelheit anzukämpfen. Ich begriff langsam, woher die vielen Geschichten kommen.

Clearcut Mountainside

FORTINGALL, SCHOTTLAND

Was die walisische Llangernyw-Eibe betrifft, so wird der Legende nach der Kirchhof, auf dem sie steht, zwei Mal jährlich vom Angelystor heimgesucht, einem Geist beziehungsweise einer körperlosen Stimme, die die Namen derjenigen aufzählt, die in dem betreffenden Jahr sterben werden. Einmal ging ein Ungläubiger zur Kirche, um zu beweisen, dass an der Geschichte nichts dran sei, nur um zu hören, wie sein eigener Name gerufen wurde ... Und tatsächlich starb er noch im selben Jahr.

So wird es jedenfalls erzählt.

{15}

Kastanienbaum der 100 Pferde

ALTER
3000 Jahre

STANDORT
Sant'Alfio, Sizilien, Italien

SPITZNAMEN
Castagno dei Cento Cavalli
(Kastanienbaum der 100 Pferde)

GEBRAUCHSNAME
Edelkastanie, Esskastanie

LATEINISCHER NAME
Castanea sativa

Chestnut of 100 Horses with fresh lava #0412-1031 (3,000 years old)

SANT'ALFIO, SIZILIEN

Chestnut of 100 Horses #0412-1226 (3,000 years old)

SANT'ALFIO, SIZILIEN

Eine Legende erzählt, dass die Königin von Aragón (ein mittelalterliches spanisches Königshaus, das auch über Sizilien herrschte) auf dem Weg zum Ätna von einem heftigen Gewitter überrascht wurde. Sie und ihre 100 Reiter - sowie, vermutlich, deren Pferde - fanden allesamt Schutz unter der ausladenden Krone des Kastanienbaums. Obwohl es wenig ratsam ist, sich bei Gewitter unter einem Baum aufzuhalten (wenn man auch fairerweise sagen muss, dass sich diese Szene zwischen 1035 und 1715 ereignete, und Benjamin Franklin sein berühmtes Drachenexperiment, bei dem er bei Gewitter einen Drachen mit einem Schlüssel daran steigen ließ, um zu beweisen, dass Blitze elektrisch sind, erst 1752 durchführte), ist dies die namensgebende Geschichte des Castagno dei Cento Cavalli, des Kastanienbaums der 100 Pferde.

Im September 2010 besuchte ich den Kastanienbaum zum ersten Mal. Im Mittelmeerraum herrschte noch Hochsommer, alles war geradezu überreif, und die Kastanie war da keine Ausnahme. Ihr flaches Kuppeldach war so voller Laub und schwerer Kastanien, dass man vor lauter Blättern kaum die Äste sehen konnte. Weil der Stamm in mehrere auseinanderstrebende Teile gespalten ist, gibt es keinen Hauptstrang, an dem eine dendrochronologische Datierung ein genaues Resultat liefern könnte; das Alter des Baumes ist daher schwer zu bestimmen. Die Vermutungen reichen von 2000 bis zu 4000 Jahren; wahrscheinlich liegt die richtige Zahl in der Mitte. Es gibt mehrere Quellen, die sich auf Studien der Universität von Catania beziehen und den Baum auf ein Alter von 3000 Jahren schätzen. Die zugrunde liegenden Original-Forschungsergebnisse habe ich allerdings nicht gefunden. Ich schoss einige Bilder und kam dabei zu dem Schluss, dass dieses üppige Blätterwerk zwar beeindruckend ist, der eigentliche Reiz des Baumes aber in der Struktur des mehrzinkigen Stamms unter dem beeindruckenden Blätterdach besteht, denn der erzählt viel mehr darüber, wie es ist, 3000 Jahre am Leben zu sein. Zwei Jahre später kehrte ich deshalb im kühlen Frühjahr noch einmal zurück.

Im Dunkeln fuhr ich nach Sant'Alfio hinein. Diesmal war ich etwas besser auf das Verkehrschaos in Sizilien vorbereitet, da es bereits mein zweiter Besuch war. Beim ersten Mal waren die Mopeds von allen Seiten an mir vorbeigerauscht, Fußgänger überquerten die Straßen von Catania, wo immer es ihnen in den Sinn kam, und die Autos drängten unbeirrt nach allen Richtungen auf ihre jeweiligen Fahrziele zu. An höchstens einer von fünf Straßen schien es ein Schild zu geben. Ich hatte laut lachen müssen, als auf einer belebten, engen, zweispurigen Straße die Motorroller, die fröhlich an den Autos vorbeisausten und dabei weit über die

Chestnut of 100 Horses #0412-0512 (3,000 years old)

SANT'ALFIO, SIZILIEN

Mittellinie auf die Gegenspur fuhren, plötzlich Gesellschaft von einer älteren Frau in einem motorisierten Rollstuhl bekamen, während aus der Gegenrichtung gerade ein Bus auf sie alle zuraste. Gut, dass ich keine ängstliche Fahrerin bin.

2012 wand ich mich in meinem glücklicherweise winzigen Smart die engen, steilwandigen Serpentinen hinauf und dann durch eine nicht beschilderte Einbahnstraße – die ich anschließend rückwärts wieder hinunterfahren musste. Als ich schließlich in meinem Lieblings-*Agriturismo* (einem aus einer Gruppe von alten Steinhäusern bestehenden Bauernhof, der früher ein Kloster war und noch bewirtschaftet wird) gemütlich eingekuschelt im Bett lag, ging ein Gewitter nieder, das mit laut prasselnden, wenn auch kurzen Hagelschauern die Hofhunde draußen im Pflaumengarten aufschreckte. Am Morgen war der Boden von einer Schicht kreisrunder Eiskugeln bedeckt; das strahlende Weiß bildete einen harten Kontrast zu der rauen Lava, die der Ätna in der Woche davor ausgespuckt hatte. (Ich fand es sehr schade, das verpasst zu haben.)

Als ich zu der Kastanie kam, war der Hagel schon geschmolzen, und ich erkannte durch den Nebel hindurch, dass er in der Nacht einige junge Blätter von den Ästen des Baumes gefegt hatte. Mir kamen die Tränen beim Anblick der kahlen, nur ganz leicht mit Grün überzogenen Äste des riesigen Baumes, beim Anblick seiner wunderschönen Gestalt – und wohl auch vor Erleichterung, weil ich den weiten Weg nicht umsonst gemacht hatte. Ich hatte unterschiedliche Auskünfte erhalten, wann der Baum wieder grün sein würde, und in Süddeutschland, in Baden-Baden, woher ich gekommen war, waren die Kastanien schon gänzlich belaubt, was mich sehr nervös gemacht hatte. Ich hatte nicht bedacht, dass die Höhenlage der sizilianischen Kastanie die Ankunft des Frühlings verzögert.

Das Wetter änderte sich alle paar Minuten, Wolken zogen sich zusammen und lösten sich direkt wieder auf. Ich schaute mir die Umgebung und den angrenzenden Haselnuss-Hain an. Später am Tag ging ich noch einmal zum Baum, um Alfio zu treffen, einen Bewacher des Baumes hier in Sant'Alfio, der im Jahr 2010 netterweise einen Schirm über mich gehalten hatte, während ich fotografierte. Im Laufe der Jahre hat Alfio alle möglichen Gesichter und Tiergestalten in den Furchen des Stammes entdeckt, ähnlich wie man Figuren in Wolken findet, nur dass diese hier sich nicht verändern, und er wollte sie mir unbedingt zeigen. Die Wolken hielten sich hartnäckig, aber der Niederschlag blieb aus, sodass ich mir dieses Mal viel mehr anschauen konnte als beim letzten Besuch. Ich sah die dicken Teile des Stamms und die neuen Schösslinge, die unter der Oberfläche durch ein sicherlich eindrucksvolles Wurzelwerk miteinander verbunden waren. Ich sah die Details der knorrigen, moosbedeckten Rindenstreifen. Und ich bemerkte die kohlschwarze Stelle, die mir zuvor entgangen war:

»Feuer?«, fragte ich.

»Ja«, sagte Alfio.

Anscheinend hatte eine besonders schlaue Person versucht, *im Innern des Baumes* Würstchen zu grillen, und er wäre beinahe niedergebrannt.

Seitdem ist die Kastanie eingezäunt.

Chestnut of 100 Horses #0412 - 0424 (3,000 years old)

SANT'ALFIO, SIZILIEN

Chestnut of 100 Horses #0412-0548 (3,000 years old)

SANT'ALFIO, SIZILIEN

{16}

Neptungras

ALTER
100 000 Jahre

STANDORT
Balearen, Spanien

SPITZNAMEN

GEBRAUCHSNAME
Neptungras, Seegras

LATEINISCHER NAME
Posidonia oceanica

Sea grass with dive boat # 0910-0775 (100,000 years old)

Posidonia Oceania Sea Grass #0910-0753 (100,000 years old)

Posidonia Sea Grass Seed Pods #0910-0083

BALEAREN, SPANIEN

Posidonia Sea Grass Seed Pods #0910-12B23

BALEAREN, SPANIEN

Invasive Algae in the Posidonia Meadow # 0910 – 0938

BALEAREN, SPANIEN

Ihr Ruf eilt der Insel Ibiza unweigerlich voraus. Die Clubszene, die feuchtfröhlichen Events und Musikfestivals locken Partygänger aus der ganzen Welt auf die Insel. Dennoch weiß kaum jemand, dass eines der ältesten Lebewesen der Erde in der Wasserstraße zwischen Ibiza und Formentera beheimatet ist. Die 100 000-jährige Neptungraswiese schlug dort um die gleiche Zeit Wurzeln, als unsere frühesten Vorfahren das erste bekannte »Kunstatelier« (genauer gesagt: die Werkzeuge und Zutaten zum Mischen von Pigmenten) erschufen, das 2011 in Südafrika entdeckt wurde.

Ich bin auf das *Posidonia oceanica* durch eine Touristenwebsite und einen Zeitungsartikel aus Ibiza gestoßen, die beide ohne überprüfbare Quellenangaben auskamen. Letzterer wurde durch ein faszinierendes Foto von einem Ball aus abgestorbenem Seegras und Samenschoten, der wie das größte Haarknäuel der Erde aussah, illustriert. Das war lange vor dem Erscheinen eines von Experten geprüften Zeitschriftenbeitrags, aber manchmal sind Gerüchte eben doch wahr: Zwei Jahre später fand ich eine wissenschaftliche Abhandlung über die Wiesen, in der die Namen und Arbeitsplätze der Meeresbiologen genannt wurden, die eine Langzeitstudie zum Thema durchführen, und ich nahm Kontakt zu ihnen auf.

Dieses Forschungsteam untersuchte die Seegraswiese zwischen den Balearen schon seit mehr als einem Jahrzehnt. Schon lange, bevor man ihr ehrwürdiges Alter ergründet hatte, wurde diese größte zusammenhängende Seegraswiese wegen »ihres dichten Bewuchses mit *Posidonia oceanica* (Neptungras), einer wichtigen endemischen Art, die nur im Mittelmeerraum zu finden ist und eine große Vielfalt an Meeresflora und -fauna beherbergt«, in die Liste des Weltnaturerbes der UNESCO aufgenommen. Jedes Jahr reisen Núria Marbà und ihre Kollegen dorthin, um auf ausgewählten Flächen der Seegraswiese sorgfältig die Halme zu zählen und die Gesundheit und die Wuchsgeschwindigkeit des Neptungrases zu bestimmen. Zu Hause im Labor machten sie eine unerwartete Entdeckung: Genetische Tests von Halmen, die unterschiedlichen, weit voneinander entfernten Stellen entstammten, zeigten identische Resultate. Die Halme gehören also alle zu ein und derselben Pflanze. Wie bei vielen großen Entdeckungen hatte ursprünglich niemand angenommen, dass es sich bei dieser Wiese um ein einziges, uraltes Individuum handeln könnte, aber kaum hatte man diese These aufgestellt, setzte man alles daran, um sie zu beweisen.

Ich war direkt vom Kastanienbaum der 100 Pferde auf Sizilien nach Ibiza weitergereist. R. war schon vor mir da, und wir trafen uns in einer kleinen Gasse unten am Hafen zu einem späten Abendessen und einem Glas Wein. Kurz nach der Reise zur Hirnkoralle hatten wir uns für eine Weile getrennt, wollten es aber noch einmal miteinander versuchen. Am nächsten Morgen bestiegen wir die Fähre nach Formentera, wo wir uns mit Marbà und dem restlichen Team treffen wollten.

Die Forschungsarbeit findet natürlich unter Wasser statt, und dies sollte mein zweites Taucherlebnis werden (nach dem in Tobago, bei der Hirnkoralle). R. hatte eine Woche mehr Taucherfahrung auf dem Buckel als ich, denn er hatte das Tauchen bereits auf einer früheren Reise nach Mexiko gelernt. Wir hatten beide die Prüfung zum Open Water Diver absolviert, aber das klingt fortgeschrittener, als es tatsächlich ist. Wir reagierten mit einem leicht nervösen Lachen, als Marbà und ihre Kollegen beiläufig meinten, wir sollten versuchen, uns unter Wasser nicht zu verirren, während sie arbeiteten. Gute Idee.

Das Seegras war wunderschön; es erstreckte sich in unterschiedlicher Dichte in alle Richtungen, so weit das Auge reichte. Die Biologen machten sich an ihren jeweiligen Stellen in etwa zwanzig Metern Tiefe an die Arbeit, zählten akribisch die einzelnen Triebe und notierten die Ergebnisse auf Unterwasser-Whiteboards, die an ihren Sauerstoffflaschen festgebunden waren.

R. und ich verirrten uns nicht, aber ich hatte ein technisches Problem nach dem anderen mit meinen Kameras. Das Unterwasser-Gehäuse meiner Digitalkamera reagierte nicht so, wie man es sich in dieser Tiefe erhoffen würde, und ich hatte Schwierigkeiten mit dem Weißabgleich. In die flacheren Stellen drang hingegen ein zum Fotografieren ausreichend großer Teil des Farbspektrums. Die 35mm-Nikonos-Kamera, die ich mir gerade erst in New York gekauft hatte, war kaputt.

Trotz des UNESCO-Status der Seegraswiese dürfen Boote und Schiffe in den Gewässern fahren. Invasive Algen, die als blinde Passagiere an den Rudern von Kreuzfahrt- und anderen Schiffen aus fernen Häfen mitfahren, bedrohen inzwischen dieses Ökosystem. Nachdem wir an ein paar unberührten Stellen getaucht waren, zeigte uns Marbà eine Stelle direkt vor den Stränden von Formentera, wo man sehen konnte, wie die schlammig-gelben Algenbüschel das Gras braun machen und mit einem krank aussehenden, beigefarbenen Schmierfilm überziehen. Ein Stück weiter wurde das Gras wieder zu einer gesunden Wiese, aber man konnte sich mit Leichtigkeit vorstellen, wie die schreckliche Zerstörung voranschreitet.

Nachdem wir das Tauchen hinter uns hatten, betrachtete ich den Rest des Tages über völlig verzaubert die Berge von Samenkapseln des Neptungrases, die an den Strand gespült worden waren. Ich schaute mich zwischen den vielen Strandbesuchern um, die sich zwischen diesen Millionen Samenkapseln, inmitten von 100 000 Jahren Geschichte sonnten, ohne sich im Geringsten bewusst zu sein, dass sie von etwas so Wunderbarem umgeben und mit ihm verbunden waren.

{17}

Olivenbaum

ALTER
3000 Jahre

STANDORT
Ano Vouves, Kreta, Griechenland

SPITZNAMEN

GEBRAUCHSNAME
Olivenbaum, Echter Ölbaum

LATEINISCHER NAME
Olea europaea

Fallen Olives #0910-0335 (3,000 years old)

ANO VOUVES, KRETA

Olive # 0910 - 4A04 (3,000 years old)

ANO VOUVES, KRETA

An der Südwestküste der langen, schmalen Insel Kreta steht noch heute ein Olivenbaum, von dem man glaubt, dass er aus den finsteren Zeiten des griechischen Mittelalters stammt. Der Besuch des Baumes sollte auch für mich eine in gewissem Sinne finstere Zeit werden, wie sich herausstellte. Trotz des strahlenden, wolkenlosen mediterranen Himmels brauten sich um mich und meinen Freund herum dunkle Wolken zusammen. Wir verließen Ibiza in Richtung Ano Vouves. Nachdem wir eine eigentlich sehr nette kleine Pension, die nur gut einen Kilometer von dem uralten Olivenbaum entfernt war, erreicht hatten, wurde die Stimmung zwischen uns immer schlechter. Am nächsten Morgen packte ich ein paar Filme, meine Kamera, das Stativ und etwas zu trinken zusammen und machte mich alleine zu Fuß auf den Weg, der über eine schmale, von Gärten gesäumte Landstraße führte. Tränen liefen mir übers Gesicht.

Nach einer Kurve wurde die Straße zu einer ungewöhnlich breiten Auffahrt, in der sich die Reisebusse sammelten, als sei sie eine Art Sightseeing-Delta. Auf einer Rasenfläche erhob sich stolz eine Hecke in der Form der Olympischen Ringe, und auf der linken Seite stand ein kleines, aber gut bestücktes Museum. *Buenos días. Buon giorno*. Nein: Καλημέρα. Ich war durcheinander, wusste nicht mehr, wie man auf Griechisch grüßt, als ich mich schließlich zusammenriss und den Frauen, die in dem Café an der rechten Seite des Baumes saßen, einen guten Morgen wünschen wollte.

Der Olivenbaum ist der ganze Stolz der Insel, ein lebendiger Zeuge einer alten Kultur, die so bedeutend war, dass sie als Wiege der modernen westlichen Zivilisation bezeichnet wird. Und mehr noch: Der Baum verbindet das verschlafene Städtchen Ano Vouves mit der großen weiten Welt. Alle vier Jahre werden von diesem Baum ausgewählte Zweige abgeschnitten, um daraus Kränze zu binden, die bei den Feierlichkeiten zu den Olympischen Spielen getragen werden – daher die Hecke. Die ersten Olympischen Spiele fanden mutmaßlich im Jahre 776 v. u. Z. in Griechenland statt. Wenn dieser Baum tatsächlich 3000 Jahre alt ist, dann muss er zum Zeitpunkt, als die erste Fackel entzündet wurde, bereits über 200 Jahre alt gewesen sein. Der Baum ist innen vollkommen hohl, eine Kernprobe zur genauen Bestimmung seines Alters lässt sich also nicht nehmen. Wie auch immer: Die Sportler und dieser Baum sind auf jeden Fall sehr ausdauernd, wenn auch auf sehr unterschiedlichen Zeitskalen.

So ehrwürdig das alles auch klingt: Letztendlich hat der Baum es vermutlich ein paar Hühnern zu verdanken, dass er noch steht. Als andere Olivenbäume seines Alters gefällt wurden, funktionierte man ihn kurzerhand und wenig ruhmreich zum Hühnerstall um. Wie bei der Alerce und beim Senator war es sein hohler Stamm, der ihm vermutlich das Leben rettete. Und wie die uralte Kastanie, die ich ein paar Wochen zuvor in Sizilien besucht hatte, trug er reichlich Früchte und stellte damit das Alter als Indikator für den Rückgang der Fruchtbarkeit infrage. (Allerdings habe ich zu Hause erfolglos versucht, ein paar der Oliven in einer mit Erde gefüllten Backform zum Keimen zu bringen, aber das lag vermutlich nur an meiner mangelnden Erfahrung und den nicht optimalen Bedingungen.) Es gibt auch in Israel, Palästina und Portugal Olivenbäume, die sich um den Titel des Ältesten bewerben, was sowohl auf das Fehlen vertrauenswürdiger Messmethoden zur richtigen Altersbestimmung zurückzuführen ist als auch auf den Stolz der jeweiligen Ortsbewohner, die im alltäglichen Sprachgebrauch oft ein Faible für Übertreibungen haben.

Ich ging einmal ganz um den Baum herum, um ihn kennenzulernen, hockte mich auf den Balkon des Gebäudes daneben, um die Draufsicht zu haben, und schob mich schließlich in den hohlen Stamm hinein, während ich ununterbrochen fotografierte. Ich nahm ihn auf, so gut ich konnte, aber während ich vor diesem uralten Baum stand, war ich in Gedanken ganz woanders, und mein Herz war schwer.

Ich kehrte am Nachmittag mit R. noch einmal zum Baum zurück und dann noch einmal am selben Abend, um das richtige Licht zu erwischen. Ich machte weitere Aufnahmen, und wir plauderten mit den Frauen, die schon seit dem Morgen da waren. Die eine sagte, man habe in dem Baum keine Hühner, sondern Hunde gehalten. Jemand anders meinte, der Baum sei 5000 Jahre alt, nicht 3000. Wir trugen uns ins Gästebuch ein und gingen zurück.

Heute weiß ich nicht mehr, ob wir noch mal bei dem Baum anhielten, als wir am nächsten Morgen aufbrachen. Bis zum Nachmittag waren R. und ich viele Kilometer auf steilen Straßen gefahren, immer von Olivenhainen umgeben, deren silbrige Blätter im Sonnenlicht funkelten. Auf einer Anhöhe, von wo aus man das strahlend blaue Meer sehen konnte, saß ich plötzlich schluchzend am Straßenrand, war von der Tiefe unseres Zerwürfnisses überwältigt und erkannte ganz klar, dass R. und ich nach sechs turbulenten Jahren nicht länger zusammenbleiben sollten. Ich war todunglücklich, und zugleich hatte sich etwas in mir gelöst.

Obwohl uns all diese Organismen mit der Erdgeschichte verbinden, sind wir doch auch an unsere Wahrnehmung, unsere Gedanken und unsere Gefühle gebunden (die uns letztend-

Olive Branches #0910-13B26 (3,000 years old)

ANO VOUVES, KRETA

Olive Sunset #0910-4A06 (3,000 years old)

lich ausmachen) - und die im Vergleich unfassbar vergänglich sind. Wenn ein Baum eine Verletzung erleidet - sei es an einem Ast, am Stamm oder an der Wurzel -, dann spricht man von einer Wunde. Alle vier Jahre werden junge Zweige von dem Olivenbaum in Ano Vouves abgeschnitten, um die Sportlichsten unter uns damit zu schmücken. Die wirksamste Art, auf die ein Baum eine Wunde heilen kann, ist die, sie zu versiegeln, damit nichts anderes hineingeraten kann. Das mag für Menschen nicht die beste Lösung sein. Aber eins haben wir doch gemeinsam: Solange eine Wunde nicht zu tief ist, kann - und wird - sie heilen.

{18}

Fichte

ALTER
9550 Jahre

STANDORT
Fulufjäll, Dalarna, Schweden

SPITZNAMEN
Old Tjikko

GEBRAUCHSNAME
Gemeine Fichte, Gewöhnliche Fichte,
Rotfichte, Rottanne

LATEINISCHER NAME
Picea abies

Spruce Gran picea #0909-11A07 (9,550 years old)

In Schweden dauert eine Fahrt quer durchs Land nur etwa sechs Stunden. Von Norden nach Süden ist das etwas anderes, aber der Baum, auf den ich aus war, steht in der südwestlichen Ecke des Landes, etwa 300 Kilometer südlich des Polarkreises in einem gebirgigen Nationalpark, der sich bis an die norwegische Grenze erstreckt. Meine jüngere Schwester Lisa begleitete mich auf dieser Expedition. (Sie besitzt zwar keinen Tauchschein, aber ihre Bergsteige-Künste und ihr Humor – dass sie sich, genau wie ich, über kleine kulturelle Besonderheiten amüsieren kann, wie zum Beispiel in einem Hotel in Uppsala, wo man uns vorschlug, Würstchen mit in die Sauna zu nehmen – waren alles, was für diese Reise erforderlich war.) Es war September, und das Wetter war herrlich.

Es war schon später Nachmittag, als wir in der Provinz Dalarna eintrafen. Am nächsten Morgen brachen wir zum Fulufjäll auf. Das Wasser, den Proviant fürs Mittagessen und meine Fotoausrüstung hatten Lisa und ich zwischen uns aufgeteilt. Trotz des wunderbaren Wetters waren nur wenige Touristen unterwegs. Einige wollten zu dem äußerst reizvollen Besucherzentrum des Nationalparks, das sich auf der einen Seite wie ein Unterstand an den Berg schmiegte, auf der anderen Seite aber bis zum Boden reichende Glasfenster besaß, die auf eine unberührte Wiese hinausgingen. Andere wollten die malerische Wasserfall-Wanderung machen. Während wir weiter in den eigentlichen Park vordrangen, tauchte am Wegrand, zwischen den üppigen Moosen, Flechten und Büschen, deren Zweige in der Herbstluft raschelten, auch *Rhizocarpon geographicum* auf, das ich in Grönland gesucht hatte. Es war beinahe komisch, so große Exemplare der Landkartenflechte hier und da an den Felsen am Wegrand vorzufinden, nachdem ich in Grönland so viel durchgemacht hatte, um sie aufzuspüren. Aber es war logisch: Hier war es wärmer, deshalb wuchsen sie wesentlich schneller. Doch trotz ihrer Größe waren sie jünger als ihre grönländischen Verwandten.

Aus dem entspannten Bummel durch den Wald wurde ein steilerer Anstieg in offenem Gelände, und während wir den Berg hinaufkletterten, wurde es immer kälter und windiger. Wenn man ahnungslos auf diese besondere Fichte stieße, würde sie einem höchstwahrscheinlich nicht besonders auffällig vorkommen. Und als Lisa und ich schließlich auf dem Plateau, auf dem die Fichte zuhause ist, eintrafen, konnten wir sie tatsächlich nicht finden. Ihr genauer Standort wird der Öffentlichkeit zu ihrem Schutz verschwiegen, aber selbst mit den Angaben von Leif Kullman, der den Baum entdeckt hat, mussten wir schließlich den ganzen Weg zum Besucherzentrum zurückwandern und um eine genauere Beschreibung bitten.

Wir waren bei unserem ersten Versuch ziemlich nah dran gewesen, hatten jedoch die Markierung verpasst. Die Wolken zogen vorüber, und ich steckte beim Fotografieren zwischendurch immer wieder die Hände in die Taschen, um sie vor der Kälte zu schützen.

Zur Bestimmung des Baumalters wurde die Radiokohlenstoffdatierung angewandt, mittels derer man auch das Alter von etwa 20 anderen skandinavischen Fichten ermittelt hat, die sich als über 8000 Jahre alt erwiesen und alle auf einem über 1100 Kilometer langen Streifen entlang der schwedischen Berge bis hinauf nach Finnland zu finden sind. Kullman hat mir per E-Mail berichtet, dass fast jede dieser alten Fichten die gleichen Wachstumsmerkmale wie Old Tjikko aufweist; er beschrieb sie so: »Vom Grund bis zur Schneeoberfläche ein dichtes Kleid von Ästen und darüber ein oder mehrere aufragende Stämme von zwei bis vier Metern Höhe.«

Was Kullman beschreibt, diese buschartige Fülle von Klonästen mit einem dürren Stamm in der Mitte, ist im Grunde ein lebendes Bild des Klimawandels. In den ersten 9500 Jahren von Old Tjikkos Leben waren diese bodendeckenden Zweige alles, was von ihm zu sehen war. Die Strategie des Baums: Falls ein Stamm oder Ast in einem strengen Winter abstirbt, kann der Baum jederzeit einen neuen hervorbringen. Das ist eine weitaus bessere Überlebensstrategie, als sich auf einen einzigen Stamm zu verlassen. Aber Ende der 1940er-Jahre änderte sich das. Es wurde allmählich wärmer auf der Hochebene, wodurch sich die Vegetationszone nach oben verschob. Statt also in Bodennähe auf Höhe der Schneegrenze zu verharren, besitzt die Fichte jetzt einen dürren Mittelstamm von gut fünf Metern Höhe. Obwohl die Untersuchung des einzelnen Baumes weiterhin wichtig ist, haben Kullman und seine Studenten zugleich ihre Studien erweitert und betrachten auch die sich wandelnde »Lage und Struktur der alpinen Baumgrenze als Indikator und ›frühes Warnsystem‹ eines ökologisch relevanten Klimawandels«.

Warum der Name »Old Tjikko«? Kullman benannte den Baum nach seinem verstorbenen Hund. Damit ist die Fichte vermutlich 69 650 Hundejahre alt.

Spruce Gran picea # 0909-7A01 (9,550 years old)

Fulufjället Naturcentrum #0909-9A05

DALARNA, SCHWEDEN

Fulufjället National Park #0909 - 8B26

DALARNA, SCHWEDEN

TIEFE ZEITACHSE

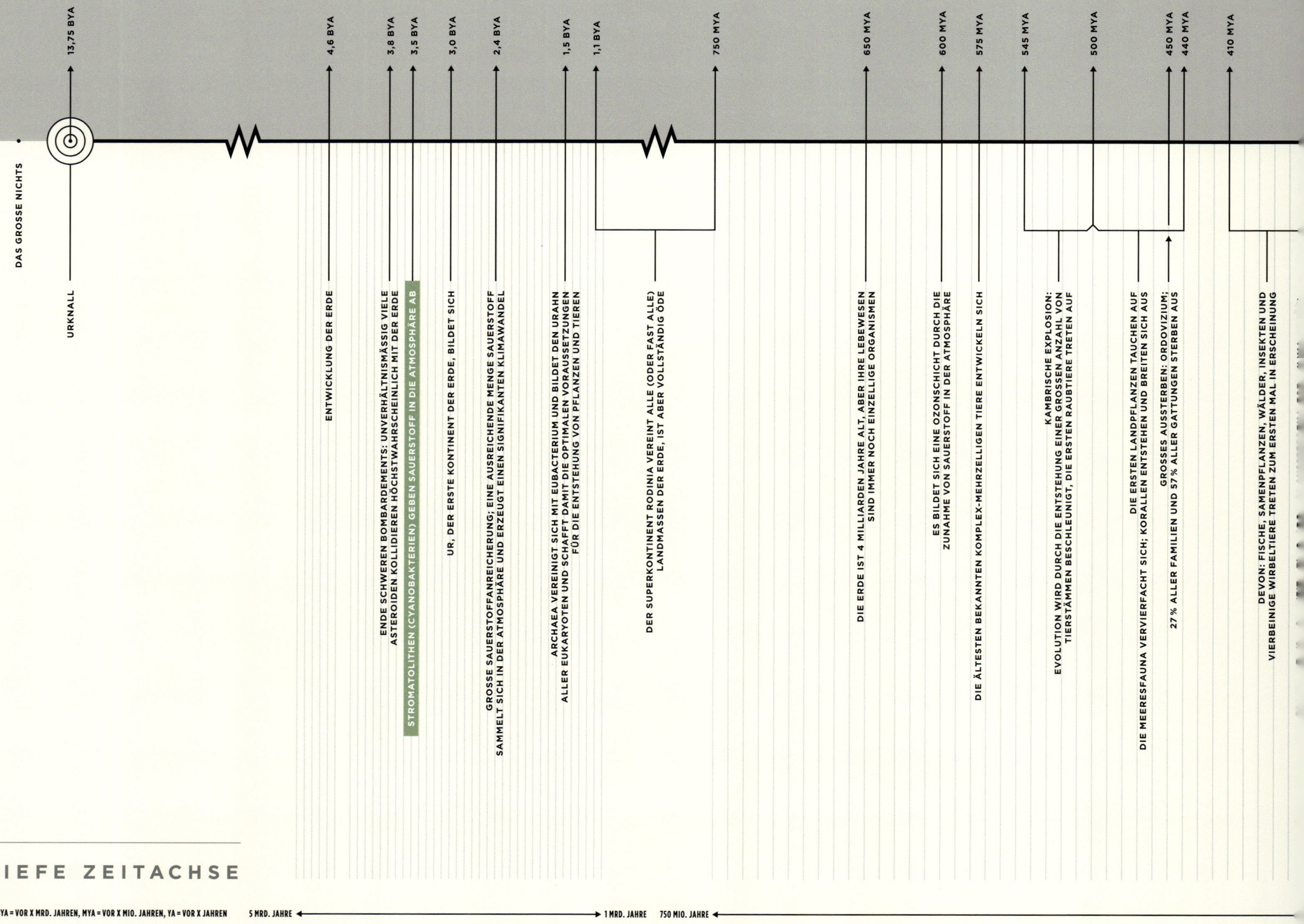

BYA = VOR X MRD. JAHREN, MYA = VOR X MIO. JAHREN, YA = VOR X JAHREN

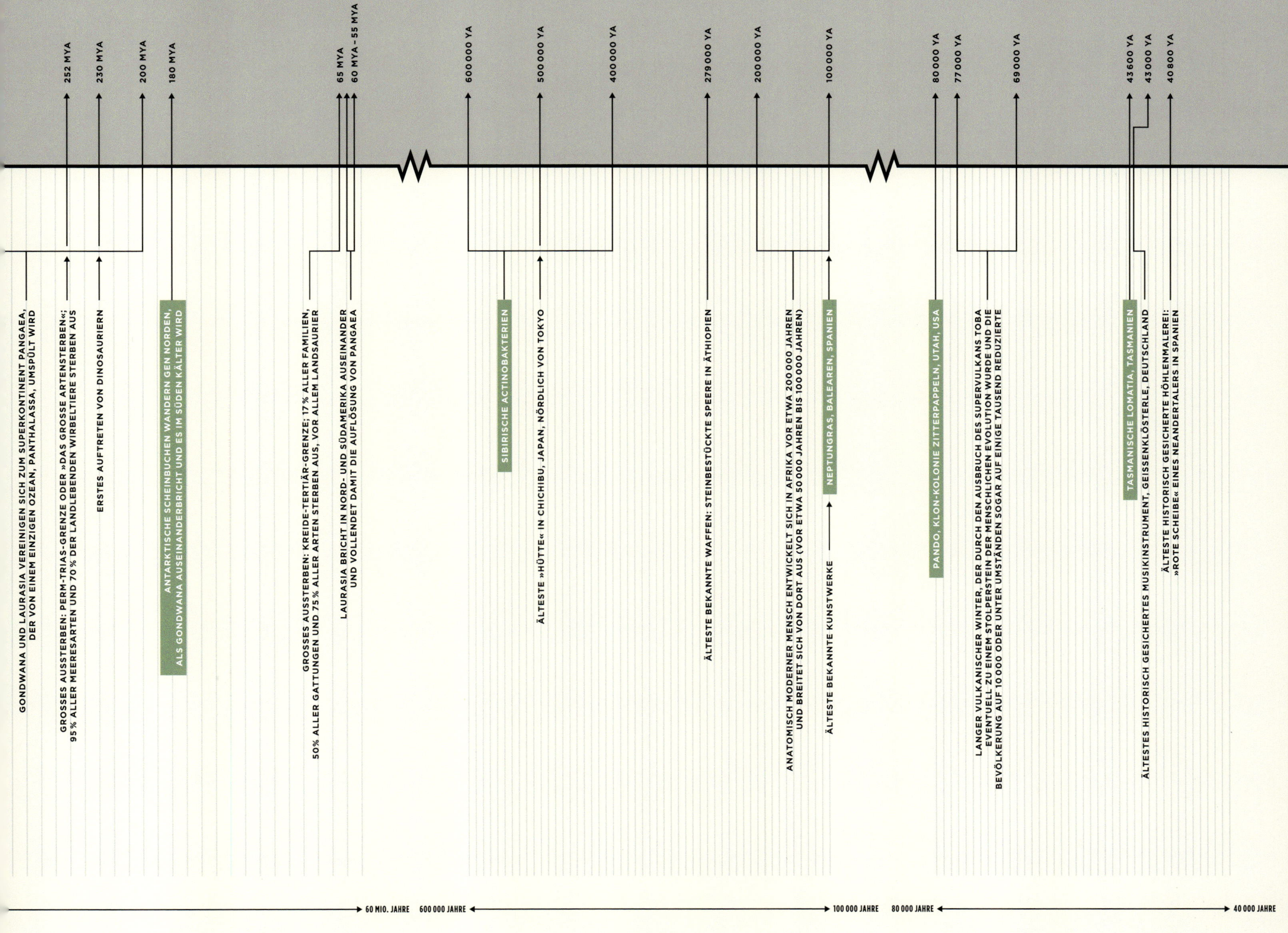
252 MYA
230 MYA
200 MYA
180 MYA
65 MYA
60 MYA - 55 MYA
600 000 YA
500 000 YA
400 000 YA
279 000 YA
200 000 YA
100 000 YA
80 000 YA
77 000 YA
69 000 YA
43 600 YA
43 000 YA
40 800 YA
GONDWANA UND LAURASIA VEREINIGEN SICH ZUM SUPERKONTINENT PANGAEA, DER VON EINEM EINZIGEN OZEAN, PANTHALASSA, UMSPÜLT WIRD
GROSSES AUSSTERBEN: PERM-TRIAS-GRENZE ODER »DAS GROSSE ARTENSTERBEN«; 95 % ALLER MEERESARTEN UND 70 % DER LANDLEBENDEN WIRBELTIERE STERBEN AUS
ERSTES AUFTRETEN VON DINOSAURIERN
ANTARKTISCHE SCHEINBUCHEN WANDERN GEN NORDEN, ALS GONDWANA AUSEINANDERBRICHT UND ES IM SÜDEN KÄLTER WIRD
GROSSES AUSSTERBEN: KREIDE-TERTIÄR-GRENZE; 17 % ALLER FAMILIEN, 50 % ALLER GATTUNGEN UND 75 % ALLER ARTEN STERBEN AUS, VOR ALLEM LANDSAURIER
LAURASIA BRICHT IN NORD- UND SÜDAMERIKA AUSEINANDER UND VOLLENDET DAMIT DIE AUFLÖSUNG VON PANGAEA
SIBIRISCHE ACTINOBAKTERIEN
ÄLTESTE »HÜTTE« IN CHICHIBU, JAPAN, NÖRDLICH VON TOKYO
ÄLTESTE BEKANNTE WAFFEN: STEINBESTÜCKTE SPEERE IN ÄTHIOPIEN
ANATOMISCH MODERNER MENSCH ENTWICKELT SICH IN AFRIKA VOR ETWA 200 000 JAHREN UND BREITET SICH VON DORT AUS (VOR ETWA 50 000 JAHREN BIS 100 000 JAHREN)
ÄLTESTE BEKANNTE KUNSTWERKE
NEPTUNGRAS, BALEAREN, SPANIEN
PANDO, KLON-KOLONIE ZITTERPAPPELN, UTAH, USA
LANGER VULKANISCHER WINTER, DER DURCH DEN AUSBRUCH DES SUPERVULKANS TOBA EVENTUELL ZU EINEM STOLPERSTEIN DER MENSCHLICHEN EVOLUTION WURDE UND DIE BEVÖLKERUNG AUF 10 000 ODER UNTER UMSTÄNDEN SOGAR AUF EINIGE TAUSEND REDUZIERTE
TASMANISCHE LOMATIA, TASMANIEN
ÄLTESTES HISTORISCH GESICHERTES MUSIKINSTRUMENT, GEISSENKLÖSTERLE, DEUTSCHLAND
ÄLTESTE HISTORISCH GESICHERTE HÖHLENMALEREI: »ROTE SCHEIBE« EINES NEANDERTALERS IN SPANIEN
60 MIO. JAHRE
600 000 JAHRE
100 000 JAHRE
80 000 JAHRE
40 000 JAHRE

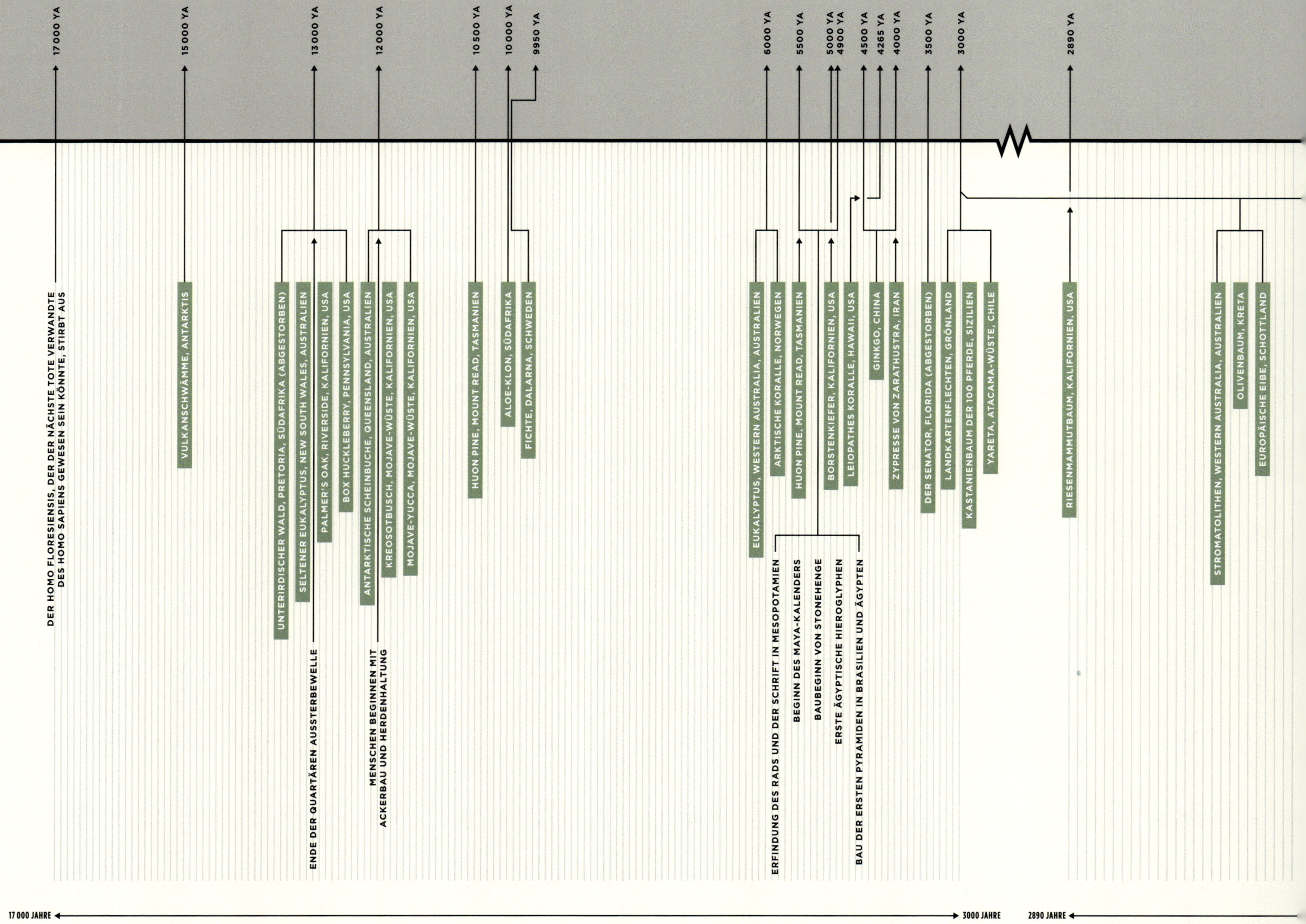
17 000 YA
DER HOMO FLORESIENSIS, DER DER NÄCHSTE TOTE VERWANDTE DES HOMO SAPIENS GEWESEN SEIN KÖNNTE, STIRBT AUS
15 000 YA
VULKANSCHWÄMME, ANTARKTIS
13 000 YA
UNTERIRDISCHER WALD, PRETORIA, SÜDAFRIKA (ABGESTORBEN)
SELTENER EUKALYPTUS, NEW SOUTH WALES, AUSTRALIEN
PALMER'S OAK, RIVERSIDE, KALIFORNIEN, USA
BOX HUCKLEBERRY, PENNSYLVANIA, USA
ENDE DER QUARTÄREN AUSSTERBEWELLE
12 000 YA
ANTARKTISCHE SCHEINBUCHE, QUEENSLAND, AUSTRALIEN
KREOSOTBUSCH, MOJAVE-WÜSTE, KALIFORNIEN, USA
MOJAVE-YUCCA, MOJAVE-WÜSTE, KALIFORNIEN, USA
MENSCHEN BEGINNEN MIT ACKERBAU UND HERDENHALTUNG
10 500 YA
HUON PINE, MOUNT READ, TASMANIEN
10 000 YA
ALOE-KLON, SÜDAFRIKA
9950 YA
FICHTE, DALARNA, SCHWEDEN
6000 YA
EUKALYPTUS, WESTERN AUSTRALIA, AUSTRALIEN
ARKTISCHE KORALLE, NORWEGEN
5500 YA
HUON PINE, MOUNT READ, TASMANIEN
5000 YA
4900 YA
BORSTENKIEFER, KALIFORNIEN, USA
LEIOPATHES KORALLE, HAWAII, USA
ERFINDUNG DES RADS UND DER SCHRIFT IN MESOPOTAMIEN
BEGINN DES MAYA-KALENDERS
BAUBEGINN VON STONEHENGE
ERSTE ÄGYPTISCHE HIEROGLYPHEN
BAU DER ERSTEN PYRAMIDEN IN BRASILIEN UND ÄGYPTEN
4500 YA
4265 YA
4000 YA
GINKGO, CHINA
ZYPRESSE VON ZARATHUSTRA, IRAN
3500 YA
DER SENATOR, FLORIDA (ABGESTORBEN)
3000 YA
LANDKARTENFLECHTEN, GRÖNLAND
KASTANIENBAUM DER 100 PFERDE, SIZILIEN
YARETA, ATACAMA-WÜSTE, CHILE
2890 YA
RIESENMAMMUTBAUM, KALIFORNIEN, USA
STROMATOLITHEN, WESTERN AUSTRALIA, AUSTRALIEN
OLIVENBAUM, KRETA
EUROPÄISCHE EIBE, SCHOTTLAND
17 000 JAHRE
3000 JAHRE
2890 JAHRE

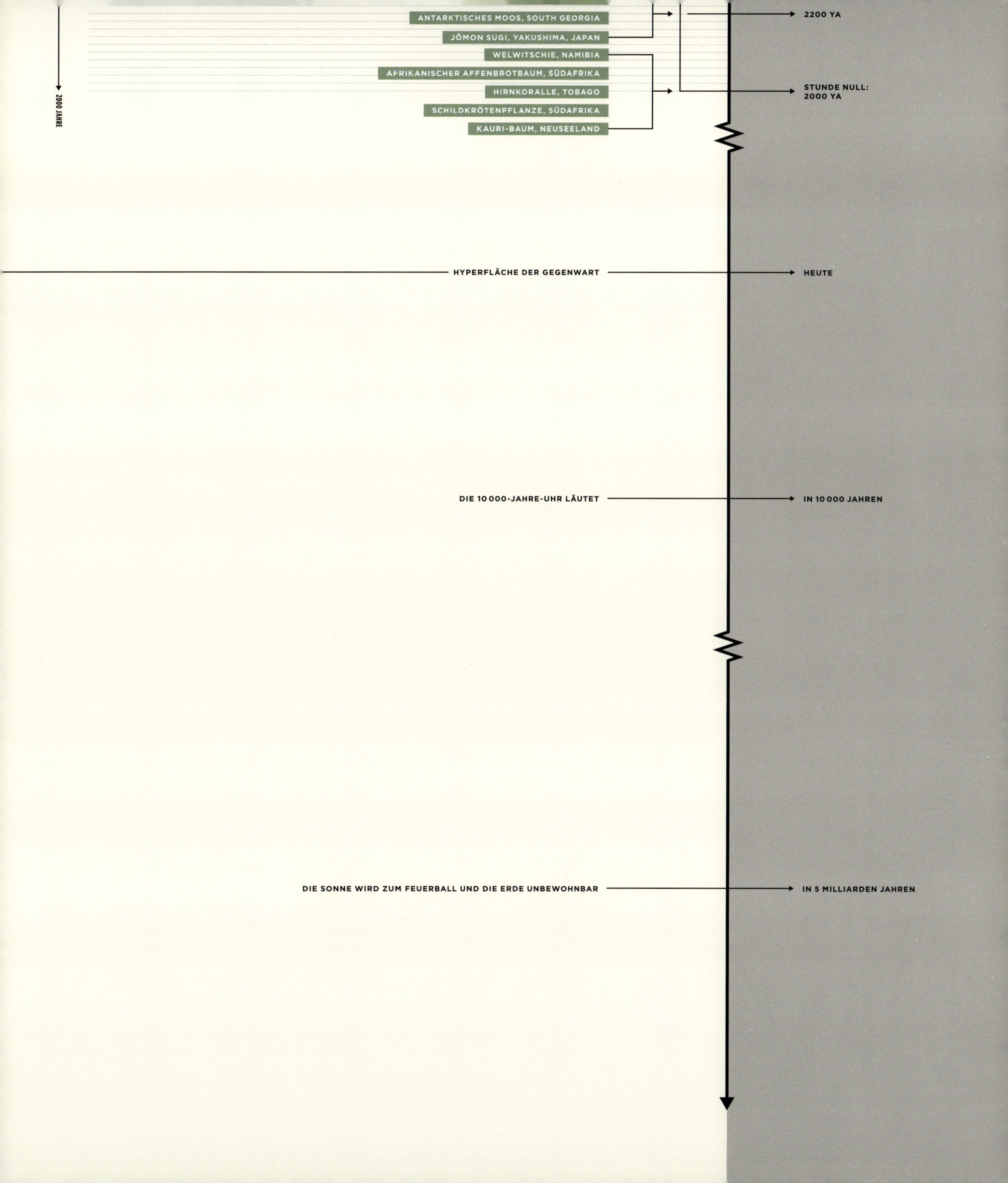
2000 JAHRE
ANTARKTISCHES MOOS, SOUTH GEORGIA
JŌMON SUGI, YAKUSHIMA, JAPAN
WELWITSCHIE, NAMIBIA
AFRIKANISCHER AFFENBROTBAUM, SÜDAFRIKA
HIRNKORALLE, TOBAGO
SCHILDKRÖTENPFLANZE, SÜDAFRIKA
KAURI-BAUM, NEUSEELAND
2200 YA
STUNDE NULL: 2000 YA
HYPERFLÄCHE DER GEGENWART
HEUTE
DIE 10 000-JAHRE-UHR LÄUTET
IN 10 000 JAHREN
DIE SONNE WIRD ZUM FEUERBALL UND DIE ERDE UNBEWOHNBAR
IN 5 MILLIARDEN JAHREN

ASIEN

{19}

Jōmon Sugi

ALTER
2180 bis 7000 Jahre

STANDORT
Yakushima, Japan

SPITZNAME
Jōmon Sugi

GEBRAUCHSNAME
Sicheltanne, Japanische Zeder, Sugi

LATEINISCHER NAME
Cryptomeria japonica

Jomon Sugi, Japanese Cedar #0704-002 (2,180-7,000 years old)

YAKUSHIMA, JAPAN

Gerade wischte ich mir mit der erschöpften Zufriedenheit, die einem beschwerlichen Aufstieg folgt, den Schweiß von der Stirn, als der große Baum in Sicht kam. Damals war ich mehr auf den Weg als auf das Ziel konzentriert. Ich machte ein paar Fotos von Jōmon Sugi, aber die Idee zu dem Projekt *Die ältesten Lebewesen der Erde* war noch nicht geboren. Tatsächlich hätte es genauso gut passieren können, dass ich den Baum gar nicht besucht hätte. Ursprünglich hatte ich ein ganz anderes japanisches Abenteuer geplant: eine 24-stündige Bootsfahrt vor der Ostküste des Landes zu einer abgelegenen Insel, die geographisch gesehen noch zu Tokyo gehört, um ein besonders tolles Meersalz zu suchen. Ganz offensichtlich befand ich mich auf der Suche nach irgendetwas, aber ich wusste noch nicht, was es war. Ich war zwar offen für ein Abenteuer, aber mir gefiel der Gedanke nicht, dass ich mich mit der Bootsfahrt nach Ogasawara auch zeitlich festlegen musste: Falls sich auf der Insel herausstellte, dass dort nicht das erhoffte Abenteuer auf mich wartete, würde ich dennoch eine ganze Woche bleiben müssen, ehe ich aufs Festland zurückkehren könnte. Stattdessen entschied ich mich also dafür, in einem Laden im Untergeschoss eines Tokyoter Kaufhauses eine Packung Salz aus Ogasawara zu kaufen, und verließ die Stadt mit einem klaren Reiseplan im Sinn. Mein erster Halt war Kyoto – wo mich ein unbehagliches Gefühl veranlasste, weiter nach Yakushima zu reisen und Jōmon Sugi zu besuchen.

Auf der subtropischen Insel Yakushima (*shima* bedeutet »Insel«) witzelt man gerne, dass es dort an 35 Tagen im Monat regnet. Am Miyanoura-dake (»Berg«) windet sich eine ungenutzte Eisenbahnstrecke entlang, die irgendwann von der Vegetation verschluckt wird, aber es gibt keinerlei Anzeichen von Forstwirtschaft. Fast alle Einwohner von Yakushima wohnen auf dem flachen Küstenstreifen, der die Insel umgibt. Es ist leicht vorstellbar, dass die dichte Vegetation hier Hayao Miyazaki zu seinem Umweltschutzfilm *Prinzessin Mononoke* inspiriert hat, in dem sich Naturgeister und Menschen in einem Interessenskonflikt gegenüberstehen.

Die Sicheltanne ist der japanische Nationalbaum und wird ähnlich wie die Eiben im Vereinigten Königreich oft in der Nähe von Kultstätten und Tempeln gepflanzt. Obwohl *sugi* übersetzt »Zeder« heißt, gehören die Bäume eigentlich zur Familie der *Cupressaceae*, der Zypressen. Und wie alt ist nun Jōmon Sugi? Benannt wurde er nach der japanischen Jōmon-Kultur, und es besteht in diesem Fall eine bemerkenswerte große Spanne zwischen den Schätzungen: Von 2180 bis zu 7000 Jahren (dem möglichen Höchstalter, denn zu der Zeit hat ein heftiger Vulkanausbruch das Schiefergestein leergefegt) ist alles möglich. Wie viele alte Bäume ist Jōmon Sugi zum Teil hohl, was eine genaue Altersbestimmung erschwert. Der Baum hat im

Jahr 2005 einen Ast verloren, und nach Aussage eines ortsansässigen Bloggers im November 2012 noch einen weiteren.

Es lässt sich fast nicht vermeiden, in der knorpeligen Rinde des Baumes Fratzen und Gesichter auszumachen, und der dicke Stamm geht in ein Astgewirr über, das weit oben mit grünen, fedrigen Büscheln behangen ist, die an Haare erinnern. Aber mein Blick wurde sogleich vom rasterartigen Astgeflecht am Boden gefangen genommen, das eine fast korbähnliche Form hat. Es soll sowohl das Anfassen des Baumes verhindern als auch sein Wurzelsystem vor dem Dauerregen schützen, aber mich interessierte vor allem die optische Wirkung: ein menschlicher Eingriff in die Natur. Anscheinend hat man, um einen besseren Blick auf den Baum zu gewähren, das Unterholz entfernt, und dadurch wurden die flacheren Wurzeln beschädigt. Ähnlich wie bei der Geschichte von Pando wurden neue Setzlinge gepflanzt, die jedoch von Rehen gefressen wurden. Also pflanzte man weitere und zog einen Zaun hoch. Auch von Souvenirjägern ist der Baum nicht verschont worden. Deshalb ist Jōmon Sugi jetzt mit einer Überwachungskamera ausgestattet.

{20}

Sri Maha Bodhi

ALTER
2294 Jahre oder älter

STANDORT
Anuradhapura, Sri Lanka, Indien

SPITZNAME
Sri Maha Bodhi

GEBRAUCHSNAME
Pappelfeige, Bobaum,
Bodhibaum, Buddhabaum, Pepulbaum

LATEINISCHER NAME
Ficus religiosa

Gerade als die Narkose nachließ, legten mir die geschäftigen Krankenschwestern einen Morphium-Tropf. Ich hatte die Woche damit verbracht, nach weißer Kleidung zu suchen, um den Sri Maha Bodhi – eine Pappelfeige und der älteste von Menschen gepflanzte Baum überhaupt – zu besuchen. Der Baum wird mit dem historischen Buddha in Verbindung gebracht und steht im Innern eines Tempels. Um in seine Nähe zu dürfen, muss man ganz in Weiß gekleidet sein. Im Souvenirladen meines Hotels in Colombo hatten sie nur ein unverschämt teures weißes Baumwollkleid gehabt, auf dem Weg nach Anuradhapura gab es nichts als einen drei bis vier Nummern zu großen weißen Kaftan, und so hatte ich schließlich resigniert beschlossen, mein Glück in der blassgelben Hose, die ich von zu Hause mitgebracht hatte, zu versuchen. Aber nun lag ich hier in diesem Bett, zu guter Letzt doch noch ganz in Weiß – weiße Laken, weißes Krankenhausnachthemd, weißer Gips, der mein seltsam verdrehtes Handgelenk umgab und mir an der Ellenbeuge ins Fleisch schnitt.

Dem Sri Maha Bodhi wird nachgesagt, er sei ein verpflanzter Ast des Baums in Bodhgaya, Indien, unter dem Siddhārta Gautama die Erleuchtung erlangt hat. Der historische Gautama könnte von 563 bis 483 v. u. Z. gelebt haben, aber diese Daten sind umstritten. Einige Wissenschaftler behaupten, er sei erst um 400 v. u. Z. gestorben. Genau weiß man jedoch, dass der lebende Ast im Jahr 288 v. u. Z. nach Sri Lanka gebracht wurde. Dies geschah auf Anweisung des Buddha; vielleicht war es ein Wunsch, den er auf dem Sterbebett äußerte. Wie alt ist also der Bobaum von Anuradhapura? Wir könnten 2011 (das Jahr meines Besuchs) und 288 zusammenzählen, aber ganz so einfach ist es nicht. Zunächst ist da die Frage nach dem »Jahr null«. Es ist nicht unüblich, dass numerische Systeme von –1 auf +1 springen, ohne die Null mitzuzählen; so ähnlich wie bei Gebäuden, bei denen man das 13. Stockwerk auslässt. Aus philosophischer Sicht wiederum ist es nicht erstaunlich, dass der buddhistische Kalender dennoch ein Jahr null aufweist; allerdings beginnt dieser Kalender zwischen 554 und 483 v. u. Z. (entsprechend dem oben erwähnten Disput); das bedeutet, es gibt eine Fehlerspanne von 71 Jahren. Das wiederum bedeutet: Selbst wenn wir das genaue Jahr bestimmen könnten, in dem der *Ficus religiosa* die Palkstraße überquert hat – wie alt war der Baum, von dem dieser Ast geschnitten wurde? Der Ast ist ein Klon des Originalbaums: Es handelt sich um vegetative Vermehrung durch einen Steckling, der keinerlei zusätzliches genetisches Material enthält und aus genetischer Sicht daher derselbe Baum ist, wenn auch geklont. Man könnte nun mit Fug und Recht behaupten, das Alter des Baums sei das aktuelle Jahr plus 288 plus das Alter des Baumes, von dem der Ast genommen wurde. Stünde der Originalbaum noch (und würde er nicht als heilig gelten), so könnte man von ihm eine Kernstichprobe entnehmen und die Ringe zählen. Aber der Bodhibaum, der heute in Bodhgaya steht, ist wiederum ein Klon von keinem anderen als dem Baum in Anuradhapura, der zurückgebracht wurde und neue Wurzeln geschlagen hat (eine Wiedergeburt?), weil das Original schon seit langer Zeit tot ist. Für einen relativ immobilen Organismus kommt dieser Baum ganz schön viel herum.

Anders als bei der Mehrheit der uralten Organismen sind es hier nicht die Wissenschaftler, die den Baum im Auge behalten, sondern vielmehr eine religiöse Gemeinschaft. Wie der Zufall es wollte, stammt der Mann meiner Cousine Laura Bandara aus Sri Lanka und hat einen direkten Kontakt zu dem betreffenden Tempel. Widgitha wandte sich für mich an die dortigen Mönche, und Laura beschwichtigte meine Ängste hinsichtlich der Sicherheit in dem Land, das erst kürzlich von einem Bürgerkrieg erschüttert worden war, empfahl mir allerdings, einen Fahrer zu engagieren. Die beiden machten mich mit ihren Freunden Ian und Sujatha bekannt, die zufällig gerade in Colombo waren, um Sujathas Eltern zu besuchen.

Mit Erstaunen stellte ich fest, dass ich noch eine weitere Verbindung nach Sri Lanka hatte, und zwar über die Familie meiner Freundin Tina Roth Eisenberg (besser bekannt als die Designerin und Bloggerin Swissmiss): Thilo Hoffmann, Tinas Onkel, war rein zufällig jahrzehntelang in Sri Lanka als Umweltschützer aktiv gewesen und eine Koryphäe auf seinem Gebiet. Ich schickte »Onkel« Thilo eine E-Mail und erhielt als Antwort ein wunderbares, per E-Mail übermitteltes handgeschriebenes Fax. Das machte mir noch einmal bewusst, dass ich, hätte ich dieses globale Projekt zu prä-Internet-Zeiten unternommen, vermutlich immer noch an der Oberfläche kratzen würde.

Meine E-Mails an einen der sehr wenigen Wissenschaftler, denen direkter Zugang zu dem Baum gewährt wird, blieben unbeantwortet, aber Samantha Suranjan Fernando, der beim Botanischen Garten in Kandy beschäftigt ist, setzte sich für mein Anliegen ein. Er schlug vor, dass ich einen Brief an den Tempel schreiben und um direkten Zugang zu dem Baum bitten sollte, und schickte ihn netterweise von Sri Lanka aus ab, damit er vor mir bei den Mönchen eintraf. Fernando und ich trafen uns in der stickigen Lobby eines teilweise restaurierten Hotels aus der Kolonialzeit in Colombo. Er erinnerte mich daran, dass ich im Tempel meine Schuhe ausziehen musste. Deshalb hatte ich extra japanische Tabi-Socken mitgebracht, um meine Füße auf dem glühend heißen Innenhof zu schützen. Bei der Gelegenheit teilte Fernando mir auch mit, dass ich ganz in Weiß gekleidet sein musste, um den Tempel zu betreten.

An dem Abend traf ich mich mit Ian und Sujatha im Haus ihrer Eltern, den Meegamas. Mein Fahrer Siva war ihr angestellter Fahrer.

Am nächsten Morgen tauschte ich beim Verlassen des Hotels ein Lächeln mit einem Paar – zwei Männer, die ebenfalls abreisten – und trat hinaus in das diffuse, helle Licht und die schwere Morgenluft. Unerklärlicherweise war es billiger, einen Transporter zu mieten als einen Personenwagen. Daher starteten Siva und ich mit mehreren leeren Sitzreihen hinter uns zu der sechsstündigen Autofahrt.

Es war schwer zu sagen, wo genau Colombo aufhörte und das Land anfing. Wir fuhren an einer Reihe von Läden vorbei, in denen Autoteile verkauft wurden. Zuerst kam ein Laden nur mit Autositzen, die sich auf drei Stockwerken gegen die Fensterscheiben pressten. Nebenan ein Laden, der nur Stoßstangen anbot, daneben einer mit Fahrgestellen, gefolgt von einem Autotürenhändler. Es schien, als solle man die ganze Straße abklappern, um sich selbst ein maßgeschneidertes Auto zusammenzubauen. Dann tauchten Obstanbaugebiete auf: reihenweise Verkaufsstände am Straßenrand, zunächst mit Ananas, dann Rambutan, dann Cashewnüssen. Es folgten kleine, von Hand gemachte Besen. Dann wieder Autoteile. Reisfelder erstreckten sich bis in den Halbschatten dichter Palmwälder. Wir hielten an, um etwas saftiges, reifes Obst zu kaufen, und machten später unsere Mittagspause in einem Restaurant, das für seine Sauberkeit berühmt war. Als ich mich an den Tisch setzte, bemerkte ich das Paar, dem ich am Morgen zugelächelt hatte. David und Inaki aus Barcelona waren auf Urlaubsreise und zufällig auf dem Weg zum gleichen Hotel wie wir. Wie es unter Reisenden so üblich ist, vereinbarten wir, gemeinsam zu Abend zu essen.

Wenn man es sich zur Aufgabe gemacht hat, 30 verschiedene Organismen ausfindig zu machen, deren Standorte beschwerliche Aufstiege, Tiefseetauchgänge oder den Aufenthalt im Freien bei extrem niedrigen Temperaturen erfordern und die in den letzten noch existierenden menschenleeren Gegenden der Erde liegen, dann ist man daran gewöhnt, sich immer wieder bewusst in Gefahr zu begeben. Aber die größte Gefahr lauert manchmal in einem einzigen falschen Schritt.

Das *Palm Village Garden Hotel* wurde in einer Bauweise errichtet, die in den Vereinigten Staaten illegal wäre: Treppen, die auf steil abfallende Plateaus führen, versteckte Hindernisse, nirgendwo ein Geländer, dafür überall rutschige Fliesen. An jenem Abend ging ich auf dem Weg zum Abendessen mit Inaki durch das aus mehreren Ebenen bestehende Restaurant. Ins Gespräch vertieft, stieg ich die erste Stufe hinunter. Beim nächsten Schritt stimmte etwas nicht. Mein rechter Fuß landete nicht auf einer Stufe, sondern auf einer glatten, gekachelten Rampe. Ich schaute auf meinen Fuß hinunter, während er in Zeitlupe abwärtsrutschte, dann stürzte ich mit einem Ruck nach vorne über die Kante und bremste den Fall mit meiner ausgestreckten rechten Hand.

Die anderen Gäste starrten mich an, während ich verblüfft auf dem Boden liegen blieb. Mit aller Kraft versuchte ich, nicht ohnmächtig zu werden, als mich eine heiße Welle der Übelkeit durchströmte. Man brachte mir Wasser, das meine spanischen Freunde, von denen einer sich als Arzt entpuppte, später auf ihrer Rechnung wiederfanden. Ich schickte jemanden los, um Siva zu holen. Ich musste in ein Krankenhaus. Inaki und David kamen mit, ebenso die Rezeptionistin und ein weiterer Hotelangestellter, der kein Englisch sprach. Mein unverschämt großer Transporter war plötzlich voller Passagiere.

Es war Samstagabend, zwischen neun und zehn Uhr. Die Privatklinik wies mich ab. Die einzige Alternative war das öffentliche Krankenhaus unter freiem Himmel. Ich wurde aufgenommen und durch offene, betonierte Gänge geschoben, an einem Schild mit der Aufschrift »Leichenhalle« vorbei und dann auf eine Art Station, wo etwa 40 Patienten still auf ihren Krankenliegen lagen und anscheinend nicht damit rechneten, in naher Zukunft irgendwo anders hinzukommen. An einem Schreibtisch saß eine einzige Krankenschwester. Überall liefen herrenlose Hunde und Hühner herum. Wir erhielten unterschiedliche Informationen zum Prozedere, aber die Quintessenz lautete: keine Schmerzmittel, keine Röntgenaufnahmen. Ich würde die Nacht auf einer Liege zwischen Hunden und Hühnern verbringen müssen, ohne Behandlung und mit starken Schmerzen.

Ich musste weg von dort.

Wir kletterten alle wieder in den Transporter. Mein gebrochenes Handgelenk war mit Mull und einem nutzlosen Stück einlagiger Pappe umwickelt. Es war klar, dass sich meine Lage drastisch geändert hatte. Ich war nicht mehr in Sri Lanka, um den Baum der Erleuchtung zu fotografieren. Stattdessen stand ich nach einer schlaflosen Nacht und mit Hilfe der Meegamas, dem Gesundheitsminister Sri Lankas, meinem Bruder (der im Yale New Haven Hospital als Arzt arbeitet), dem US-Konsulat und ein paar anderen, von denen wir uns Hilfe versprachen, wie im Delirium eine sechsstündige Autofahrt zu einem Krankenhaus in Colombo durch.

Ian und Mr. Meegama waren bereits dort, um mich zu empfangen. Die Wände und die Klimaanlage vermittelten mir ein Gefühl der Geborgenheit. Ian, von dem ich damals nicht mal den Nachnamen kannte, unterschrieb meine Einverständniserklärung für die Operation. Immer wieder wurde ich gefragt, ob ich meinen Ehemann anrufen wolle, und immer wieder erklärte ich, dass ich keinen habe. Ich zog kurz in Erwägung, meinem damaligen Exfreund R. eine SMS zu schicken – »Bin in Sri Lanka / Hand gebrochen / Angst« –, besann mich aber eines Besseren. Ich brauchte keinen Retter; vielmehr musste ich mit dem Orthopäden sprechen. Ich stimmte zu, als der Arzt vorschlug, dass er den Bruch vor Ort richten würde und alle weiteren Eingriffe nach meiner Rückkehr in New York vorgenommen werden sollten. Der Anästhesist fragte, ob mein Mann über meinen Zustand im Bilde sei, und forderte mich dann auf, die Augen offen zu halten und bis zehn zu zählen. Am nächsten Morgen kam eine Schwester zu mir ins Zimmer, um zu fragen, ob ich »schmerzhaft« wäre und ob ich meinen Mann schon angerufen hätte.

Es gibt Tiger und Elefanten in Sri Lanka, aber ich hatte keine gesehen. Ich hatte weder die für ihren Charme berühmte Stadt Kandy noch den Zahntempel gesehen. Vor allem hatte ich die uralte Pappelfeige nicht gesehen, wegen der ich überhaupt erst hergekommen war. Wollte ich aufgeben? Ich überlegte, ob ich trotz meines Gipsarms nach Anuradhapura zurückfahren sollte, um den Baum zu fotografieren. Oder war ich noch nicht über den Berg? Ich erhielt eine E-Mail von meinem Vater, mit dem ich kaum Kontakt habe, der aber selbst früher Facharzt für orthopädische Chirurgie war. Er schrieb, wenn ein operativer Eingriff nötig sei, sollte er innerhalb von einer Woche nach dem Unfall vorgenommen werden, sonst würde sich das Risiko eines bleibenden Schadens vervielfachen. Also lag ich in meinem Krankenhausbett und wog den Misserfolg im Hinblick auf mein unmittelbares Vorhaben gegen meine langfristige körperliche Unversehrtheit ab. Die Sache war klar: Ich würde nach Hause fliegen.

Nach einigem Hin und Her mit der Rechnungsabteilung durfte ich schließlich gehen. Ich aß an dem Abend bei den Meegamas, und Sujatha kämmte mir mein unglaublich verfilztes Haar glatt und flocht es für den langen Heimflug zu zwei Zöpfen.

Gegen Mitternacht wurde ich in einem Rollstuhl durch den Flughafen von Colombo befördert; der verspätete Flug wurde gegen drei Uhr morgens aufgerufen. In dem glänzenden, eine kühle Sicherheit ausstrahlenden Flughafen von Dubai erwartete mich ein weiterer Rollstuhl. Zehn Stunden später kam ich am JFK-Airport in New York an, wo mich meine wunderbare Schwägerin Lindsey in Empfang nahm.

Beim Verlassen des Flughafens kam mir der Gedanke, dass genau darin das Wesen der Forschung besteht: Man bricht auf, um etwas Bestimmtes zu tun, und stattdessen geschieht etwas völlig anderes. Manchmal misst sich der Erfolg ganz einfach an der Gewissheit, dass alles noch viel schlimmer hätte kommen können, vor allem, wenn man es aus der sicheren Perspektive des Rückblicks betrachtet.

Als ich am nächsten Tag den Termin in New Haven hatte, ging im Krankenhaus von Yale-New Haven bereits das Gerücht um, dass »Scotts Schwester aus Sri Lanka« extra eingeflogen worden war, um sich dort behandeln zu lassen. Später brach der Orthopäde in Gelächter aus, als er den riesigen Gips und die seltsame Position meines Handgelenks sah, denn diese Technik war in den USA schon zehn Jahre zuvor abgeschafft worden. Allerdings musste ich ein paar Tage später noch einmal in die Notaufnahme, weil mein Arm in dem neuen Fiberglas-Verband stark angeschwollen war. Pflichtschuldig beantwortete ich erneut die Reihe von Standardfragen.

»Wo ist das passiert?«, wollte der Pfleger wissen.

»In Sri Lanka.«

Er stellte ein paar weitere Fragen, dann fragte er noch einmal: »*Wo* ist das passiert?«

»In Sri Lanka«, antwortete ich erneut.

Nach längerem Schweigen erkundigte er sich: »Liegt das in New York oder in Connecticut?«

Es war eine Frau gewesen, die den Zweig des Sri Maha Bodhi aus Indien nach Sri Lanka gebracht hatte: Saṅghamittā Thera, Tochter von Ashoka, dem Herrscher der Maurya-Dynastie. Saṅghamittā hatte später in Sri Lanka einen buddhistischen Nonnenorden gegründet.

Der Baum wurde von König Devanampiyatissa gepflanzt. Die Stadt selbst wurde um den Baum herum gebaut und erlebte eine 1300 Jahre währende Blütezeit.

Im Laufe der Jahre hat der Sri Maha Bodhi ein, zwei Äste durch Stürme verloren (und einen durch einen »Verrückten«), aber er steht im Großen und Ganzen unversehrt innerhalb der Tempelmauern. Das letzte Mal, dass Anuradhapura Geschichte geschrieben hat, war im Jahr 1985, zwei Jahre nach Ausbruch des 27-jährigen Bürgerkriegs in Sri Lanka, als in eben diesem Tempel ein Massaker verübt wurde, bei dem etliche Menschen getötet wurden.

Der Baum überstand es unbeschadet.

{21}

Sibirische Actinobakterien

ALTER
400 000 bis 600 000 Jahre

STANDORT
Kolyma-Tiefland, Sibirien

SPITZNAME

GEBRAUCHSNAME
Sibirische Actinobakterien

LATEINISCHER NAME
Actinobacteria

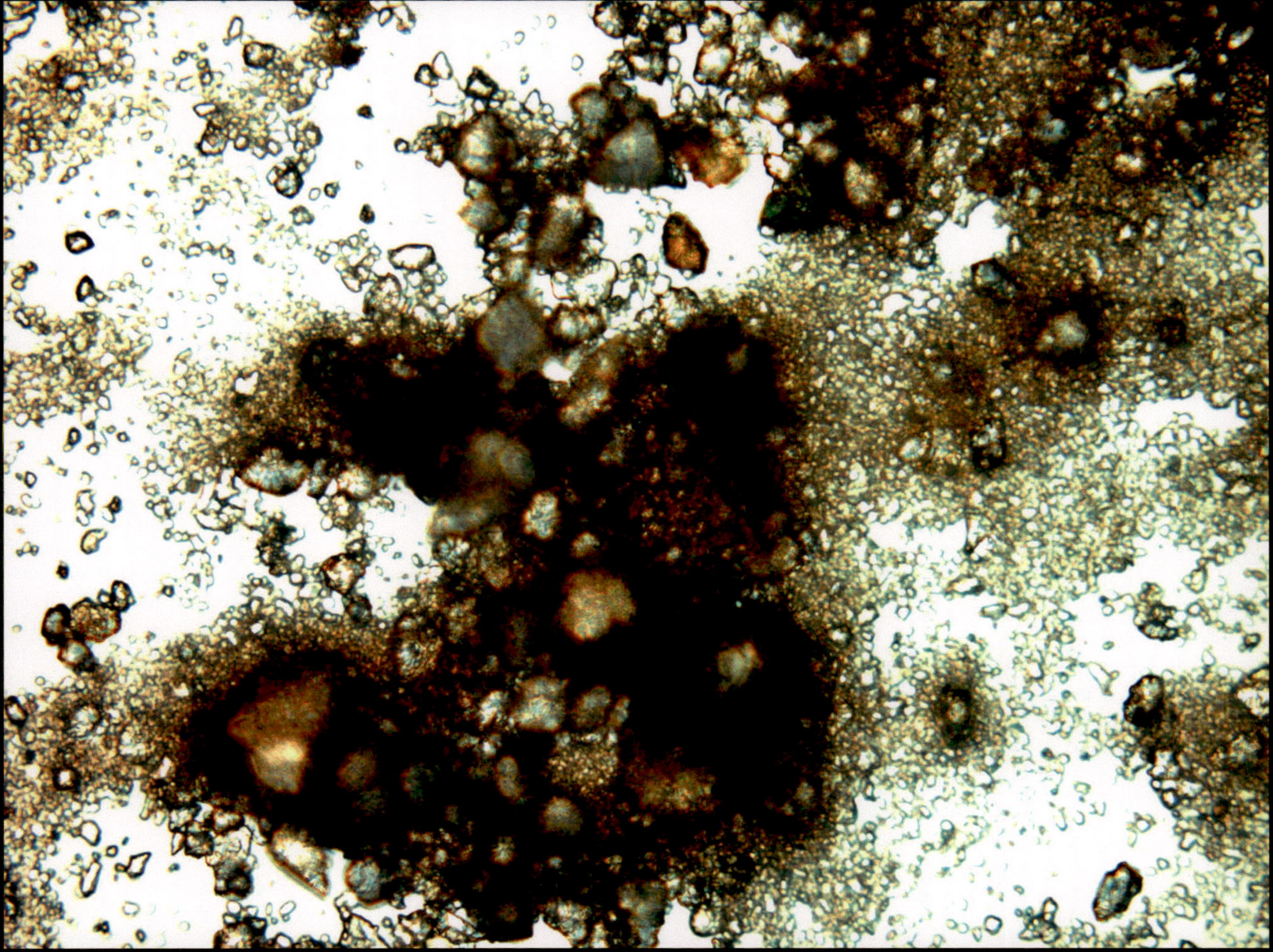

Sample containing Siberian Actinobacteria #0807-tV26 (400,000 – 600,000 years old)

NIELS-BOHR-INSTITUT, KOPENHAGEN

Vor einer halben Million Jahre gab es noch keine im anatomischen Sinne modernen Menschen, obwohl bereits alles in diese Richtung wies. Einige unserer Vorfahren aus der Zeit vor dem *Homo sapiens* arbeiteten in Japan gerade an den ersten Hüttenkonstruktionen. Die sibirischen Actinobakterien waren da womöglich schon 100 000 Jahre alt. Selbst wenn sich herausstellen sollte, dass ihr Alter am unteren Rand des geschätzten Zeitraums von 400 000 bis 600 000 Jahre zu verorten ist – ihr nächster zeitlicher Nachbar, die Seegraswiese *Posidonia oceanica*, ist immer noch mindestens 300 000 Jahre jünger. Das mag nicht überraschen, wenn man bedenkt, dass Bakterien zu den allerersten Lebensformen auf der Erde gehörten.

Ich erfuhr von den Actinobakterien rein zufällig auf einer Silvesterparty im Haus eines Künstlers in Brooklyn, Jahre bevor die erste Studie über ihre Entdeckung veröffentlicht wurde. Sarah Stewart Johnson, eine der Wissenschaftlerinnen aus dem Team des Niels-Bohr-Instituts in Kopenhagen, das diese uralten Bakterien entdeckt hat, war ebenfalls Gast auf dieser Party. Johnson, die zu der Zeit schon Fellow am Massachusetts Institute of Technology war und sich gerade zu einem Forschungsaufenthalt in den USA befand, brachte mich in Kontakt mit Martin Bay Hebsgaard, der in dem Labor arbeitete, wo die Forschungen durchgeführt wurden und die tiefgefrorenen Bakterien lagerten. (Leider erhielt ich nicht die Gelegenheit, nach Sibirien zu fahren, denn die Untersuchungen vor Ort waren bereits abgeschlossen.)

Im Jahr 2005 war ein Team von Astrobiologen in das sibirische Kolyma-Tiefland gereist, um die Möglichkeit der Existenz von Leben auf anderen Planeten zu erforschen, indem sie die Bedingungen an einem der unwirtlichsten Gebiete der Erde untersuchten. Weitere Forschungsexpeditionen fanden in der Antarktis und im Nordwesten Kanadas statt, und überall auf der Erde lassen sich im Boden sowie sowohl im Salzwasser als auch im Süßwasser unterschiedliche Arten von Actinobakterien nachweisen. Aber die Entdeckung dieser besonderen sibirischen Actinobakterien ist deshalb so bemerkenswert, weil diese Bakterien selbst bei Temperaturen unter dem Gefrierpunkt DNS-Reparaturen durchführen. Das bedeutet, dass die sibirischen Bakterien im Unterschied zu anderen alten Bakterien, die in einer Art Schwebezustand zwischen lebendig und tot eingefroren wurden, nicht *ruhen*, also keine dormanten Zellen sind, sondern seit einer halben Million Jahren aktiv sind und langsam wachsen. Laut Johnson verbrachte das Team nach dem Besuch in Sibirien neun Monate damit, zu beweisen, dass diese Zellen noch lebendig waren und atmeten, und dann mussten die Ergebnisse in einem separaten, sauberen Labor reproduziert werden. Die Diagnose bestätigte sich, und die Studie wurde 2007 veröffentlicht.

Die Bakterien bilden eine eigene Domäne, die beiden anderen sind die Archaeen und die Eurkaryoten. Aber trotz der menschlichen Neigung, alles zu klassifizieren, werden innerhalb einer Domäne oder eines Reichs unterschiedliche, konkurrierende Bezeichnungen zur Bestimmung des taxonomischen Rangplatzes verwendet. Bakterien sind einzellige Lebewesen, die sich zumeist asexuell durch Zellteilung vermehren: Ist eine Zelle groß genug, spaltet sie sich in zwei Teile und das ad infinitum. Bakterien gehören zu den Prokaryoten, was bedeutet, dass sie keinen Zellkern haben. Es ist nicht ungewöhnlich für ein Bakterium, ebenso wie für die Archaeen, zu den Extremophilen gezählt zu werden: den Organismen, die sich an Bedingungen anpassen und sogar darin gedeihen, mit denen andere Lebensformen nicht zurechtkämen. (Beispiele sind eisenatmende Mikroben, Lebensformen wie der Pompeji-Wurm, die in hydrothermalen Tiefseespalten leben und Temperaturen bis zu 80°C standhalten, sowie zahlreiche andere Organismen, anhand derer die Astrobiologie das Leben im Weltall untersucht.)

Hebsgaard (der mich später zur Flechtenjagd in Grönland einlud) traf sich mit mir in Kopenhagen und führte mich in die Verhaltensregeln in einem Labor ein. Wir zogen unsere Schutzanzüge an (mehr, um die Proben vor uns, als uns vor den Proben zu schützen). Hebsgaard holte einen Metallbehälter mit den Bakterien aus dem Gefrierschrank und bereitete mit großer Umsicht ein paar Objektträger vor, auf denen für das bloße Auge höchstens ein bisschen Dreck zu erkennen war. Die Forschungen, die an den Bakterien durchgeführt wurden, verlangten keine bildliche Darstellung von den Wissenschaftlern, und ich war anscheinend die Erste, die diesen Versuch wagte. Leider stand kein Rasterelektronenmikroskop zur Verfügung, das eine bis zu 500000-fache Vergrößerung ermöglicht hätte, deshalb verwendete ich das verfügbare Einstärken-Mikroskop mit 100-facher Vergrößerung. Die digitalen optischen Mikroskopbilder machte ich mit einem Kamerazubehör, das am Kopf des Mikroskops angebracht war, das wiederum mit einem Computerbildschirm verbunden war, in den das Bild vom Objektträger direkt eingespeist wurde. Ich justierte die Position des Objektträgers und machte Aufnahmen mit der Digitalkamera.

Diese Wissenschaftler wurden aufgrund des vagen Verdachts aktiv, dass im Permafrost wertvolle Entdeckungen zu machen seien. Dass sie jedoch das älteste permanent existierende Lebewesen auf unserem Planeten fanden, war reines Glück. Da drängt sich die Frage auf, was es sonst noch alles zu entdecken gibt. Und man fragt sich auch, was wohl angesichts des Klimawandels aus den sibirischen Actinobakterien werden wird. Die Aktivität von Mikroben erhöht sich im Allgemeinen mit der Erhöhung der Temperaturen – um die Bakterien selbst brauchen wir uns also vermutlich keine Sorgen zu machen, sondern eher um die Nebenwirkungen, die das Auftauen der Permafrost-Gebiete mit sich bringen wird. Laut Johnson sieht es so aus: »Bei weiter ansteigenden Temperaturen wird der Permafrost weiter auftauen. Im Falle des Permafrosts ist der Klimawandel besonders tückisch, denn der im Permafrost eingeschlossene organische Kohlenstoff kann als Kohlendioxid und Methan in die Atmosphäre austreten, wodurch sich das Klima noch weiter erwärmt.«

AFRIKA

{22}

Afrikanischer Affenbrotbaum

ALTER
2000 Jahre

STANDORT
Limpopo, Südafrika

SPITZNAMEN
Sagole-Baobab, Pafuri-Baobab,
Sunland-Baobab, Glencoe-Baobab

GEBRAUCHSNAME
Afrikanischer Affenbrotbaum, Baobab

LATEINISCHER NAME
Adansonia digitata

Parfuri Baobab # 0707 – 1335 (up to 2,000 years old)

KRÜGER-NATIONALPARK, SÜDAFRIKA

Am frühen Morgen meines ersten vollständigen Tages in Afrika fuhren Diana Mayne, eine Affenbrotbaum-Expertin, Christine McLeavey (eine Freundin von Rachel Holstead, die wir später in Kapstadt treffen sollten) und ich von Johannesburg aus in den nordöstlichsten Teil des Landes. An Mayne war ich durch eine Reihe von E-Mail-Anfragen geraten, und sie hatte sich zu einer Affenbrotbaum-Tour entlang des Limpopo bereit erklärt. Unseren ersten Halt machten wir in der Stadt Louis Trichardt bei einem Freund von Mayne. Der Förster ist gerade dabei, ein nachhaltiges Geschäft mit dem aus den Affenbrotbäumen gewonnenen Öl, das als beruhigendes Hautpflegemittel, aber auch für Salatsoßen Verwendung findet, aufzubauen.

Um die Affenbrotbäume ranken sich zahlreiche Legenden – zum Beispiel die, dass sie sich selbst entwurzeln und herumlaufen können oder dass sie einst die Götter verärgert haben und zur Strafe umgekehrt herum eingepflanzt wurden (Ihre Äste sehen wie Wurzeln aus.).

Ob der Sagole-Baobab wirklich der älteste lebende Affenbrotbaum der Erde ist, lässt sich nicht mit Sicherheit sagen, aber die Chancen stehen gut. Er sollte der erste Baum sein, den wir auf unserer einwöchigen Tour besuchten. Ich fuhr die meiste Zeit selbst und gewöhnte mich langsam an den Linksverkehr und daran, von der rechten Seite des Autos aus zu steuern. Die größte Herausforderung stellten die Kühe, Esel, Menschen, Ziegen und dergleichen dar, die trotz der erlaubten hohen Geschwindigkeit den Highway überquerten, wo und wann immer es ihnen passte. (Eine vergleichbare Erfahrung ist höchstens der chaotische Verkehr auf Sizilien.) Wir verließen schließlich die sogenannten Teerstraßen und fuhren weiter auf den Schotterwegen des Stammesgebiets, in dem der Sagole beheimatet ist. Leider war ich für den Tod von mindestens einer Manguste verantwortlich, die ich überfuhr, als mir eine ganze Horde von ihnen direkt vor den Wagen sprang.

Es war später Nachmittag, als wir den riesigen Baum erreichten. Wir zahlten ein geringes Eintrittsgeld, um uns in seiner Nähe aufhalten zu dürfen. Die gerade noch hörbaren Geräusche von Stammesangehörigen und die gedämpften Laute der Glocken an den Hälsen des grasenden Viehs drangen zu uns herüber und ließen das späte Tageslicht magisch wirken. Die Rinde des Sagole war sehr glatt (abgesehen von den tiefen Rillen der eingeritzten Namen), und die Äste zeigten steil nach oben. Der Winter ist die trockene Jahreszeit in Südafrika, und Affenbrotbäume sind Laubbäume – dieser Julitag war also bestens für einen Besuch geeignet, denn das wunderbare Astgeflecht wird im Sommer von einem dichten Blätterwerk ver-

Glencoe Baobab #0707-3305 (up to 2,000 years old)

PROVINZ LIMPOPO, SÜDAFRIKA

deckt. Die skurrilen Formen sind ein Fall von *form follows function*: Die Stämme dienen in ausgedehnten Trockenperioden als baumeigene Wasserreservoirs.

Wie die riesigen Mammutbäume gehören auch die Affenbrotbäume zu der Handvoll uralter Lebewesen, die von erhabener Größe sind. Affenbrotbäume werden mit zunehmendem Alter in der Mitte weich und neigen zur Aushöhlung, was die Altersbestimmung ausgesprochen schwierig macht. Die Hohlräume können als natürlicher Unterschlupf für Tiere dienen, aber auch der Mensch hat sie sich durchaus schon weniger respektvoll zunutze gemacht: zum Beispiel als Toilette, Gefängnis oder sogar als Bar. Die letztere Nutzungsart wollten wir uns ein paar Tage später ansehen.

Die Schatten wurden länger, während wir bei dem Baum verweilten, und als wir zur Teerstraße zurückfuhren, in Richtung Pafuri-Tor des Krüger-Nationalparks, ging die Sonne endgültig unter. Wir übernachteten in Plattform-Zelten, nur einen Steinwurf entfernt von dem elektrischen Zaun, der den Nationalpark umgibt. Der Krüger-Nationalpark ist voller Löwen, Leoparden und Geparden (Oh weh!). Ich schlief unruhig in dieser Nacht, denn die pechschwarzen Wälder waren von ungewohnten Geräuschen erfüllt. Mitten in der Nacht war ich mir plötzlich ganz sicher, dass draußen an dem Waschbecken im Freien Affen waren und die Zahnpasta fraßen, die ich dort vergessen hatte. Aber nie und nimmer wäre ich im Dunkeln aufgestanden, um nachzusehen. Am Morgen stellte ich erstaunt fest, dass sich die Tube noch genau da befand, wo ich sie liegen gelassen hatte.

Als wir aufwachten, war der Himmel bedeckt, was in der Trockenzeit sonst nie vorkommt, ganz zu schweigen von dem unfassbar heftigen Regen, der etwas später herunterkam, als wir die Park-Ranger trafen, die unsere bewaffnete Eskorte zum Pafuri-Baobab bilden sollten. In den meisten Teilen des Krüger-Nationalparks dürfen Besucher ohne Eskorte weder die Hauptwege des Reservats verlassen, noch überhaupt aus dem Auto aussteigen. Gelegentlich werden Menschen sogar getötet, aber das ist sehr selten, und meistens sind es diejenigen, die sich nicht an die Vorschriften halten; viele von ihnen sind Wilderer. (Der illegale Handel mit wilden Tieren ist im Hinblick auf den Gewinn mit dem Drogen- oder Menschenhandel vergleichbar.) Angriffe von Löwen, Leoparden und Krokodilen haben schon zu Verletzungen und Todesfällen geführt. Doch selbst ausgebildete Ranger sind nicht immun gegen solche Gefahren. Ein Aufseher, der unterwegs war, um illegale Fischernetze aufzuspüren, wurde von einer Elefantenkuh zu Tode getrampelt, weil er sie und ihr Kalb gestört hatte.

Der Pafuri-Baobab ist nicht so groß wie der Sagole, aber seine Gestalt ist dennoch beeindruckend, und er ist bei Weitem das Größte, was dort im Reservat wächst. Alle liefen herum und sprachen über den Baum, während ich Fotos machte, der Himmel abwechselnd aufklarte und sich zuzog, und ein Regenguss nach dem anderen niederging. Mayne nahm Maß und notierte sich alle möglichen Werte, wie schon am Vortag beim Sagole.

Ein Stück weiter die Straße hinunter steht ein Hain mit Fieber-Akazien, die eine zart blassgrün gefärbte Rinde haben. Der Name stammt daher, dass die Bäume mit Malaria in Verbindung gebracht werden. Sie lösen die Malaria natürlich nicht direkt aus, aber weil sie zum Wachsen feuchtere Erde benötigen als die meisten anderen Bäume, sind in ihrer Nähe auch mehr Mücken zu finden. Wir gingen ein bisschen weiter den Weg entlang und kamen an das trockene Ufer des Limpopo. Auf der anderen Flussseite liegen Simbabwe und Mosambik. Es gibt dort keinen Zaun, aber die offene Ebene wird von Löwen überwacht, die dazu neigen, Personen den Zutritt willkürlich zu verweigern.

Nach ein paar Meinungsverschiedenheiten zwischen meinen Reisegefährten bezüglich der Frage, wie viel Zeit wir mit dem Beobachten wilder Tiere verbringen sollten, beschlossen wir, zum nächsten Baum weiterzufahren. Nach langer Fahrt auf verschlungenen Wegen erreichten wir am Abend den Sunland-Baobab. Der Baum verdankt seine Berühmtheit hauptsächlich der Bar in seinem Innern (die allerdings nicht mehr betrieben wird). Draußen am Stamm sind ein Schild mit der Aufschrift »Beer« und einige Lampen befestigt, und der Raum innen ist mit alten Saloon-Möbeln vollgestellt, aber Getränke wurden dort gar nicht verkauft. Es fiel schwer, angesichts dieses altehrwürdigen Lebewesens, das man zur Vergnügungsattraktion degradiert hat, statt ihm den gebührenden Respekt zu zollen, kein schlechtes Gewissen zu bekommen.

Der letzte Baum auf unserer Route war der Glencoe-Baobab, der auf einem Privatgrundstück steht. Mayne hatte unseren Besuch mit den Besitzern der Farm abgesprochen, die uns gern empfangen wollten. Auf dem sonst flachen Farmgelände vor der nackten Fels-Silhouette der nicht weit entfernten Berge stach der riesige Baum sofort ins Auge. Der Glencoe wurde vor vielen Jahren vom Blitz getroffen und neigt sich seitdem halb entwurzelt zur Seite. Die freiliegenden Wurzeln haben sich im Laufe der Zeit selbst in Äste verwandelt, sodass der Umriss für einen Affenbrotbaum auffallend unsymmetrisch ist. Mit zunehmendem Alter entwickeln die Affenbrotbäume oft einen ganz eigenen Charakter.

Wir trafen erst nach Mitternacht wieder in Johannesburg ein. Nach über zehn Stunden anstrengender Autofahrt, und nachdem wir in einem Gebiet, vor dem Mayne uns zuvor ausdrücklich gewarnt hatte, weil es dort überhaupt nicht sicher ist, stundenlang im Stau gestanden hatten, lagen unsere Nerven blank. Ich war total erledigt. Am nächsten Morgen wollten Christine und ich nach Pretoria fahren, um uns die unterirdischen Wälder anzuschauen. Vor unserer Abfahrt aus Johannesburg ermahnte Maynes Mann uns noch zur Vorsicht, weil an dem Vormittag genau an der Kreuzung, wo wir vom Highway abfahren mussten, sogenannte »smash and grab«-Einbrüche drohten (Das geht so: Autofenster einschlagen, greifen, was in Reichweite ist, und schnell abhauen.). Er riet mir, falls wir an dieser Kreuzung irgendjemanden am Straßenrand herumlungern sähen, einfach weiterzufahren, notfalls auch über eine rote Ampel. Wir kamen ohne Zwischenfälle in Pretoria an.

Segole Baobab # 0707-000505 (2,000 years old)

PROVINZ LIMPOPO, SÜDAFRIKA

Segole Baobab #0707-0824 (2,000 years old)

PROVINZ LIMPOPO, SÜDAFRIKA

Sunland Baobab "Beer" #0707-2128 (up to 2,000 years old)

PROVINZ LIMPOPO, SÜDAFRIKA

Sunland Baobab #0707-2303 (up to 2,000 years old)

PROVINZ LIMPOPO, SÜDAFRIKA

{23}

Unterirdischer Wald

ALTER
13 000 Jahre (abgestorben; andere Exemplare leben noch)

STANDORT
Pretoria, Südafrika

SPITZNAME
Unterirdischer Wald

GEBRAUCHSNAME

LATEINISCHER NAME
Parinari capensis (und andere)

Underground Forest #0707-10333 (~~13,000 years old~~) DECEASED

PRETORIA, SÜDAFRIKA

Als ich nach Informationen über den Baobab suchte, stieß ich auf eins der cleversten Phänomene, von denen ich je gehört habe: eine Strategie des Wachstums, die allgemein als »die unterirdischen Wälder Afrikas« bekannt ist. Braam van Wyk, ein Botaniker im Staatlichen Botanischen Garten von Pretoria, erklärte mir, dass mehrere spezielle Gehölzarten, die in der trockenen, feuergefährdeten Ökoregion des Buschlandes leben, sich auf bemerkenswerte Weise den dortigen Lebensbedingungen angepasst haben. Während andere Arten eine dicke, feuerfeste Rinde entwickelten, haben die unterirdischen Wälder stattdessen ihre Hauptmasse unter die Erde verlagert, sodass überirdisch, direkt über der Erdoberfläche, nur noch das Äquivalent einer Baumkrone zu sehen ist. Der Erdboden wird als Feuerschutz genutzt und schirmt die unterirdische Waldmasse ab. Ein Buschfeuer kann also nur die Blätter und die jährlich neu sprießenden Triebe und Ableger ganz oben vernichten, und davon kann die Pflanze sich ohne Weiteres erholen. Es entspricht in etwa einer versengten Augenbraue beim Menschen. Sie wächst wieder nach.

Die ältesten Exemplare wachsen als Klone und werden auf ein Alter von 13 000 Jahren geschätzt, manchmal sogar noch wesentlich älter. In diesen Breiten hatten sie den Vorteil, dass sie keine Eiszeit überstehen mussten.

Normalerweise besteht ein unterirdischer Wald aus einem Hauptstamm, den man auch »Rhizom« nennt, und einem ausufernden System von hölzernen Nebenstämmen und Wurzeln. Viele dieser Wälder sind in der Gegend um Johannesburg und Pretoria zu finden, sie kommen aber südlich der Sahara in ganz Afrika vor. Van Wyk schlug vor, jeden Flecken unberührten Graslands daraufhin zu untersuchen: Wo immer der Boden noch nie umgepflügt oder anderweitig bearbeitet wurde, besteht die Möglichkeit, einen unterirdischen Wald zu entdecken. Obwohl noch keine Methodik existiert, um das genaue Alter dieser Wälder zu bestimmen (was auf viele Klongewächse zutrifft), kann die Analyse der Wachstumsgeschwindigkeit doch überzeugende Schätzwerte ergeben.

Die großen unterirdischen Formationen wurden entdeckt, weil sie eine Belästigung darstellen. Obwohl sie manchmal von Bauarbeitern beim Straßenbau freigelegt werden, sind sie sehr schwer zu entfernen und können auch für Landwirte zum Problem werden, denn einige (aber nicht alle) der Arten, die auf diese Weise wachsen, sind giftig für das Vieh. Farmer haben eine schlaue, aber hinterhältige Methode erfunden, um sie loszuwerden, ohne ihre Weideflächen umgraben zu müssen: Sie schneiden ein paar lebende Äste durch und lassen die Pflanze Wasser ziehen, so wie eine Blume in der Vase Wasser zieht. Sobald der Stamm das Wasser aufnimmt, tauschen die Farmer es gegen Gift aus, und die Pflanze trinkt sich unwissentlich zu Tode.

So hilfreich der Winter auf der Südhalbkugel war, um den Baobab anzuschauen, war er dennoch nicht ideal, um das Blätterwerk der unterirdischen Klonwälder zu sehen, denn die sind zum Teil sommergrün und daher im Winter nur schwer abzubilden. Das Exemplar, das ich fotografiert habe, setzte sich allerdings mit seinen hellgrünen Blättern deutlich von dem orangefarbenen Lehmboden einer kleinen, übriggebliebenen Insel unberührten Graslands ab. Buchstäblich eine Verkehrsinsel zwischen dem Highway und dem Botanischen Garten.

Leider existiert dieser unterirdische Wald nicht mehr. Van Wyk hat mir mitgeteilt, dass er ein paar Jahre nach meinem Besuch im Zuge der Neugestaltung der Straßenführung vor den Toren des Botanischen Gartens zerstört wurde. Die gute Nachricht ist, dass es noch viele weitere gibt; die schlechte, dass sie, einmal vernichtet, unwiederbringlich tot sind – denn ein 13 000 Jahre altes Wachstum lässt sich nicht so leicht reproduzieren, und es gibt sehr vieles, was wir über diese (Klon-)Wälder noch nicht wissen.

So faszinierend sie auch sind: Die unterirdischen Wälder sind weitgehend unbekannt, selbst unter Botanikern.

{24}

Welwitschie

ALTER
2000 Jahre

STANDORT
Wüste Namib, Namibia

SPITZNAME

GEBRAUCHSNAME
Welwitschie

LATEINISCHER NAME
Welwitschia mirabilis

Welwitschia Mirabilis # 0707-6724 (Approx. 2,000 years old)

Welwitschia Mirabilis #0707-22411 (2,000 years old)

Welwitschias in the Namib Naukluft # 0707-06736

Die Welwitschie ist eine wirklich seltsame, einzigartige Pflanze, die nur dort lebt, wo sich Küstennebel und Wüste treffen: entlang der Küsten von Namibia und Angola. Obwohl man es ihrem Aussehen nach nicht vermuten würde, handelt es sich bei der Welwitschie um einen Baum. Er wird der ungewöhnlichen, anomalen und immer noch umstrittenen Ordnung *Gnetales* zugerechnet, von der man annimmt, dass sie mit den *Pinaceae* verwandt ist. Wie viele Koniferen aus der Familie der *Pinaceae* trägt die Welwitschie Zapfen, wenn auch primitive. Sie besitzt eine lange Pfahlwurzel, wächst über dem Erdboden beinahe wellenförmig (Man erkennt auch Jahresringe, obwohl diese für eine genaue Zählung zu verschwommen sind.), und als einziges Mitglied des Pflanzenreichs entwickelt sie während ihres gesamten Lebens nur zwei Blätter. Rein biologisch gesehen, entstehen zunächst embryonische Blätter, Kotyledone genannt, die sich in ihrer Entwicklung von den eigentlichen, erwachsenen Blättern unterscheiden. Wenn Sie je Pflanzen aus Samen gezüchtet haben, dann wissen Sie vielleicht, dass die allerersten Blätter, die aus der Erde kommen, anders aussehen als die der erwachsenen Pflanze; das sind die Kotyledone – vergleichbar etwa mit den Milchzähnen beim Menschen. Im Falle der Welwitschie werden sie durch bleibende Blätter ersetzt, die niemals aufhören zu wachsen. Was also wie zwei große Blätterhaufen aussieht, sind eigentlich diese beiden Einzelblätter, die von Wind und Wetter zerrissen wurden und sich im Laufe der Jahre übereinandergelegt haben.

Es gibt in Namibia etliche versteinerte Wälder, aber keine erkennbaren Bäume. Ernst van Jaarsveld, leitender Gärtner im Staatlichen Botanischen Garten von Kirstenbosch, bezeichnet die Welwitschie als ein Fossil, das – ähnlich wie die Palmer's Oak in Kalifornien – im Rest eines uralten Ökosystems überlebt, das inzwischen größtenteils verschwunden ist. Die Wissenschaftlerin Kathryn Jacobson vertritt die Hypothese, dass die Welwitschie vor 105 Millionen Jahren noch sehr zahlreich vorkam, mit dem Klimawandel aber mehr und mehr isoliert wurde. Doch es wird noch besser: Van Jaarsveld hat mir kürzlich per E-Mail mitgeteilt, dass »vor nicht allzu langer Zeit in Nordbrasilien Welwitschie-ähnliche, fossile Pflanzen entdeckt worden sind, die Schätzungen zufolge aus der Zeit vor 115 Millionen Jahren stammen, als die Kontinente Afrika und Amerika noch miteinander verbunden waren«.

Bei meinem Treffen mit van Jaarsveld in Kapstadt beschrieb er die Welwitschie als Pflanze, die in einem jugendlichen Stadium verharrt, und beschwor damit das Bild eines zapfentragenden Peter Pan herauf, der zwar alt, aber nie erwachsen wird. Aber wieso wird die Pflanze als Baum bezeichnet? Nun, streng genommen hat die Welwitschie einen Stamm. Auf die

Bitte, die Eigenschaften zu benennen, die einen Baum zum Baum machen, antwortete mir van Jaarsveld lächelnd: »Man sollte hinaufklettern können.«

Aber zurück in die Wüste.

Rachel Holstead (die bereits erwähnte irische Komponistin, die ich in der MacDowell Colony kennengelernt habe), Christine McLeavey und ich machten eine Autofahrt von Kapstadt an der Westküste Südafrikas hinauf bis nach Namibia hinein. Entspannt genoss ich die Weite der Landschaft und verliebte mich geradezu in die Aussichten: Fish River Canyon, nach dem Grand Canyon der zweitgrößte Canyon der Erde; der Spielplatz der Riesen mit den aufgetürmten Felsblöcken, Köcherbäume in der Dämmerung, das tiefe Rostrot der Dünen im Sossusvlei, und die Skelettbäume im Deadvlei. Die Wüste war viel schöner und vielseitiger, als ich erwartet hatte. Dennoch verlief diese Etappe der Reise nicht ohne Zwischenfälle. Ich wurde von einem wütenden Pferd abgeworfen – oder vielmehr im vollen Galopp hinunterkatapultiert, sodass ich, nachdem der Hengst erfolglos versucht hatte, mich gegen einen Baum zu schleudern, am Rand der Einpferchung hart aufschlug. Ich war mit Blutergüssen übersät, aber sonst ist mir zum Glück nichts passiert. (Guter Rat: Erzählen Sie einem Farmer in einem fremden Land nie, dass Sie eine erfahrene Reiterin sind. Es könnte sonst sein, dass sie sich auf einem kaum gezähmten Pferd wiederfinden.) Später, weiter im Norden, wurde unser Auto auf dem Weg zu einer Safari-Lodge im Stockdunkeln fast von einer riesigen Oryxantilope niedergetrampelt. Beide Parteien kamen Gott sei Dank ungeschoren davon. Aber als ich später im Rahmen des Projektes Australien bereiste und man mir riet, nicht bei Nacht ins Outback hinauszufahren, brauchte man mir das nicht zweimal zu sagen.

Mein dringlichstes Problem war allerdings, dass sich bei meiner Ankunft im Gobabeb Research & Training Center herausstellte, dass die Wissenschaftler, mit denen ich seit Monaten korrespondiert hatte und die mit mir zur Welwitschie fahren wollten, gerade in Angola waren und mir auch keine wirkliche Hilfe anboten oder Alternativen aufzeigten. Zum Glück arbeitete die Freundin der Schwester des Nachbarn einer Freundin aus New York in einem Reisebüro in Windhoek. Die Welt ist klein. Nicole Voland hatte bei der Planung und den Buchungen für unsere Reise geholfen (Nach Namibia fährt man nicht aufs Geratewohl, denn dann läuft man Gefahr, plötzlich mutterseelenallein im Nirgendwo zu stehen.). Sie kontaktierte nun jemanden in Swakopmund, der mich wiederum mit einem Naturforscher und Autodidakten namens George bekannt machte, der sich bereit erklärte, mit uns eine Fahrt in den Namib-Naukluft-Nationalpark zu unternehmen. Swakopmund ist ein seltsamer Ort; er wurde 1892 vom damaligen deutschen Kaiser gegründet und besitzt selbst heute das Flair eines deutschen Küstenortes. Ich bedaure noch immer, dass ich ganz knapp die Aufführung des Musicals *Grease* in der örtlichen Highschool verpasst hatte, denn das hätte die wilde Mischung der Kulturen perfekt gemacht.

Zu viert brachen wir in einem Jeep in die Weiten des Wüstenparks auf, der abgesehen von den frisch verlegten Pipelines, die Wasser aus der Stadt in die knochentrockene Landschaft transportieren, nichts Besonderes zu bieten hatte. George erklärte uns, dass die namibische Regierung große Teile des Parks an internationale Minengesellschaften verpachtet hat. Das bringt dem Land zwar ein paar Billiglohn-Arbeitsplätze für Einheimische, aber an den Profiten aus der Erschließung seiner Bodenschätze ist Namibia nicht beteiligt. Während wir ein Schild nach dem anderen passierten, das Unbefugten den Zutritt verbot, zum Beispiel zum Gelände von Swakop Uranium, fragte ich mich so langsam, was die Ernennung zum »Park«, also zu einem Naturschutzgebiet, hier eigentlich zu bedeuten hatte.

Wir absolvierten die sogenannte Welwitschia-Route, eine selbstgeführte Tour mit dem Auto, die mit dem Besuch der »Big Welwitschia« ihren Höhepunkt erreicht. Der Name ist treffend, und der Anblick der Pflanze in einem eingezäunten Bereich mit einer extra errichteten, wackligen Aussichtsplattform war äußerst seltsam. Etliche Pflanzen durchbrachen den nackten Wüstenboden ringsum, von denen einige noch Babys, andere jedoch ebenso groß wie das Star-Exemplar waren, weshalb sich die Frage aufdrängte, warum ausgerechnet dieses so besonders in Szene gesetzt worden war. Wie bei den meisten Pflanzen können Licht, Wasser, Nährstoffe, pH-Wert und andere Faktoren die Wachstumsgeschwindigkeit beeinflussen, aber normalerweise gilt: je größer die Welwitschie, desto älter die Welwitschie. Wir verließen die Touristenroute und fuhren zu einem womöglich noch größeren Exemplar – ohne Zaun drum herum. George kannte sich nicht wirklich aus, aber das machte nichts: Mit seiner Hilfe fand ich, was ich suchte. Beim Betrachten der monströsen Gestalt war ich nicht überrascht zu hören, dass namibischen Kindern erzählt wird, dass sie von der Welwitschie geholt werden, wenn sie nicht artig sind.

Am späten Nachmittag verließen wir die Wüstenebene und fuhren in den relativ grünen Canyon hinein. Ab und zu lief ein Vogel Strauß im Zickzack an unserem Jeep vorbei. Am Ende der Fahrt schwirrte mir so einiges im Kopf herum: die primitive und höchst erstaun-

Young Welwitschia #0707-06520

Road into the Namib Nauklift from Swakopmund

liche Existenz der Welwitschien, die kolonialistisch anmutende Stadt, die ihrerseits erstaunlich verwurzelt ist, und die Zukunft des Landes (eigentlich des gesamten Kontinents), dessen Bodenschätze oft als Selbstbedienungsladen betrachtet werden.

Irgendwie überdauert die Welwitschie – die Nationalpflanze Namibias – in dieser unerbittlichen Wüste. Dafür ist sie geschaffen.

AUSTRALIEN

{25}

Antarktische Scheinbuche

ALTER
6000 bis 12 000 Jahre

STANDORT
Queensland, Australien

SPITZNAME

GEBRAUCHSNAME
Antarktische Scheinbuche,
Antarktische Südbuche, Pfennigbuche

LATEINISCHER NAME
Nothofagus moorei

Antarctic Beech # 1211-0367 (12,000 years old)

LAMINGTON-NATIONALPARK, QUEENSLAND, AUSTRALIEN

Kurz nachdem mein TED-Talk im Jahr 2010 online gegangen war, schickte mir Rob Price, von Haus aus Naturforscher und frischgebackener Biologe, wohnhaft an Australiens Gold Coast, eine E-Mail, um sich zu erkundigen, ob mir die dort wachsenden Antarktischen Scheinbuchen bekannt seien. Ich hatte noch nie von ihnen gehört.

Nachdem sie früher einen äußerst fragwürdigen (sprich: rassistischen) Spitznamen trugen, sind die *Nothofagus moorei* inzwischen unter dem Namen Antarktische Scheinbuche oder Antarktische Südbuche bekannt. Obwohl die Bäume heute in Queensland beheimatet sind, stammen sie ursprünglich aus der Antarktis, auch wenn das schon 180 Millionen Jahre her ist. Mit dem dortigen Klima würden sie inzwischen mit Sicherheit nicht mehr zurechtkommen, aber die feuchte und beträchtlich wärmere Höhenlage des Lamington Plateaus im McPherson-Gebirgszug entspricht genau ihren Bedürfnissen. Die *Nothofagus morrei* sind mit den *Nothofagus antarctica*, die man heute in Südamerika findet und die die am südlichsten wachsenden Bäume der Erde sind, verwandt und nur einer von etlichen floristischen Beweisen für die in einem früheren Erdzeitalter bestehende Verbindung zwischen der Antarktis und Australien.

Aber zurück ins Hier und Jetzt. Nachdem ich zur Gewöhnung an den 16-stündigen Zeitunterschied ein paar Tage in Sydney verbracht hatte (in denen mein sehr zuvorkommender Gastgeber Robert Todd mich mit allen möglichen Giftschlangenarten vertraut gemacht hatte, die mir im Busch begegnen könnten), holte mich Price auf dem kleinen Flughafen der Goldküste ab. Übernachten sollte ich im authentischen Hippie-Wohnwagen im Vorgarten des Hauses, das Price von ein paar echten Hippies gemietet hatte. Price teilte sich das Erdgeschoss mit deren Batik-Werkstatt, und die Familie wohnte im Obergeschoss. Ein gleich vor der Wohnwagentür aufgestellter Pferch hielt die darin lebenden Wachteln (wenn auch nicht ihren Geruch) auf Abstand. Ich bekam ein winziges, aber köstliches Ei-Sandwich. Von Price, nicht von den Wachteln. Als ich Joy kennenlernte, hatte sie eine gemalte Blume auf der Wange, denn sie hatte gerade an einem Göttinnen-Workshop teilgenommen. (Am nächsten Tag kam sie mit einem Fotoband über die Vielseitigkeit und die Herrlichkeit der Vagina nach Hause.) Ihre Tochter war eine aufstrebende Luftakrobatin und ich eine ehemalige. Als Kind war ich Turnerin gewesen, aber ungewöhnlich war, dass ich im – akrobatisch gesehen – hohen Alter von 25 Jahren noch einmal damit angefangen habe, in einer Kombination mit dem statischen Trapez, um die Stoßwirkung abzumildern. Mit dem Filmemacher Kitao Sakurai trat ich in den Clubs um New York auf, bis ich Anfang 30 war. Dann gab mir mein Körper zu verstehen, dass es Zeit wurde aufzuhören. Wir waren also eine illustre Gesellschaft.

Am nächsten Tag verließen Price und ich die Küste und fuhren hinauf in den Lamington-Nationalpark. Der mäßig steile Aufstieg zog sich kilometerweit hin. Ich fühlte mich ein bisschen schlapp, trug nach dem Bruch und den Bindegewebsrissen, die ich mir ein paar Monate zuvor auf Sri Lanka zugezogen hatte, immer noch einen Handgelenkschoner und litt zudem unter chronischen Rückenschmerzen, die vermutlich das Ergebnis der oben erwähnten akrobatischen Aktivitäten waren und die durch meine vielen Reisen durch die Weltgeschichte und das Schleppen von schwerem Gepäck nicht gerade besser wurden. Aber nun war ich einmal hier, und es ergab keinen Sinn, halbe Sache zu machen. Ich sah Wallabys, Flughunde, Fruchtfledermäuse und seltene Vögel. Price fühlte sich im Wald so zuhause, dass ich den Eindruck gewann, er kenne jedes Wesen, dem wir dort begegneten, mit Namen. Beim Anblick einer Giftschlange auf dem Weg blieb er völlig unbeeindruckt. (Das erinnerte mich daran, wie ich im zarten Alter von ungefähr zehn Jahren dem »Carolina Snake Bite Club«, dem Schlangenbiss-Club im Zeltlager, beigetreten war. Da musste man die Hand in einen Jutesack, in dem sich eine schwarze Schlange befand, stecken, bis man gebissen wurde. Und voilà, schon war man Mitglied. Das waren noch Zeiten, die Achtziger!) Beim Weitergehen erzählte mir Price die Geschichte von einer Froschart, die ihre Jungen im Magen austrägt. Die Tiere stellen die Produktion von Magensäure ein, verschlucken die befruchteten Eier und erbrechen sie wieder, wenn der Zeitpunkt der Geburt gekommen ist. Zweifellos eine interessante Überlebensstrategie, aber ich war nicht besonders überrascht, als ich hörte, dass die Art mittlerweile ausgestorben ist. Obwohl der Versuch an sich schon Anerkennung verdient.

Der Wald war dicht und urwüchsig, und der Stress der langen Reise von Brooklyn nach Australien fiel allmählich von mir ab und wurde durch die angenehme Erschöpfung des Wanderns ersetzt. Riesige Baumfarne ließen mich an die Devon-Illustrationen in meinen alten Schulbüchern denken. Allmählich entdeckten wir hier und da Antarktische Scheinbuchen unterschiedlichen Alters, manche davon offensichtlich mit mehreren Stämmen, die derselben Wurzel entsprangen. Wir verglichen die einzelnen Bäume mit der wissenschaftlichen Studie und bestimmten ihr Alter, obwohl die meisten dieser Bäume vermutlich nie untersucht worden sind. Der Älteste erwartete uns auf dem Gipfelpunkt unserer Wanderung: ein 12 000 Jahre alter Hexenring in einem der dichtesten Teile des Waldes.

Antarctic Beech #1211-2717 (6,000 years old)

LAMINGTON-NATIONALPARK, QUEENSLAND, AUSTRALIEN

Auf der Rückfahrt zur Küste bemerkte ich ein Blutrinnsal an meiner linken Schulter, gleich unterhalb des Schlüsselbeins. Blutegel sondern ein gerinnungshemmendes Sekret ab, das die Blutgerinnung unterbindet, und tatsächlich war es unwahrscheinlich viel Blut für die Größe der Wunde. Der Egel war nirgends zu sehen, aber Price meinte, die Bissstelle sähe ganz nach Egel aus. Ich stillte die Blutung mit einer Serviette. Unwillkürlich erschauderte ich beim Gedanken an den in früheren Zeiten üblichen Aderlass durch das Ansetzen von Blutegeln. Die alten Griechen glaubten, durch die Blutegelbehandlung würden die Körpersäfte wieder ins Gleichgewicht gebracht. Während in einigen Teilen der Welt noch heute Blutegel gegen verschiedene Krankheiten eingesetzt werden, erscheint uns angesichts der Erkenntnisse der modernen Medizin diese Humoraltherapie, bei der das Blut mit den »anderen Körpersäften« – schwarze Galle, gelbe Galle und Schleim – in ein ausgewogenes Verhältnis gebracht werden soll, doch eher naiv. Aber wie viel von dem, was uns heute als gesichert scheint, wird sich morgen als lachhaft erweisen? Und wie viel haben unsere Vorfahren auf Anhieb richtig erkannt?

Am nächsten Tag verschwand die Sonne hinter einer Wolkendecke; es folgte Nebel, dann ein sturzbachartiger Regen. Price und ich fuhren in einen näher gelegenen Teil des Parks und liefen über einen gut beschilderten Weg zu einem weiteren uralten Hexenring. Ich war auf dem Weg nach Tasmanien und wollte am nächsten Tag nach »Melbin« (also Melbourne) weiterreisen, daher hieß es: Jetzt oder nie! Mit eiskalten Händen und bei äußerst schlechter Sicht schwang ich das Stativ und machte Fotos, während Price versuchte, meine Kamera vom Regen abzuschotten.

Vines and Moss # 1112-0355

LAMINGTON-NATIONALPARK, QUEENSLAND, AUSTRALIEN

Red bellied black snake in the path

LAMINGTON-NATIONALPARK, QUEENSLAND, AUSTRALIEN

{26}

Tasmanische Lomatia

ALTER
43600 Jahre

STANDORT
Südwest-Tasmanien; Königlicher Botanischer Garten, Hobart, Tasmanien

SPITZNAMEN
King's Holly, King's Lomatia

GEBRAUCHSNAME
Lomatia tasmanica

LATEINISCHER NAME
Lomatia tasmanica

Lomatia Tasmanica #1211-0398 (43,600 years old; propagated clippings)

Es gibt nur noch ein einziges lebendes Exemplar der *Lomatia tasmanica* auf der Erde.

Die Pflanze blüht rosarot, wenn auch selten, und jede Blüte verfügt über Stempel und Blütenstaub, ist aber triploid - eine seltene genetische Anomalie - und daher unfruchtbar. Die erste *Lomatia tasmanica* wurde 1934 entdeckt, aber dieser Bestand ist inzwischen ausgestorben. Eine weitere wurde 1967 identifiziert, und 1991 hat man deren Alter mittels der Radiokohlenstoffdatierung von in der Nähe gefundenen, identischen Blattfragmenten bestimmt - sie ist mindestens 43600 Jahre alt, möglicherweise sogar mehr als doppelt so alt.

Tasmanien war der einzige Ort auf der Welt, wo mir in freier Wildbahn kein direkter Zugang zu meinen Motiven gewährt wurde. Meine ersten Anfragen richtete ich wie gewöhnlich direkt an die Wissenschaftler, und die boten mir sogleich freundlich an, mich zu den Standorten der Lomatia und der Huon-Kiefer zu begleiten. Das für die tasmanischen Nationalparks zuständige Amt allerdings hat ein eigenes Regelwerk - soweit ich verstanden habe, steht es weitgehend unter der Kontrolle der Bergbaubetriebe und Holzkonzerne - und entschied, meine Pläne zu durchkreuzen. Man ging sogar so weit, denjenigen, die mir helfen wollten, zu drohen. Ein Freund aus Sydney versuchte, mir die Situation zu erklären, indem er sagte, ich solle mir Tasmanien als das Alaska Australiens vorstellen. Dort gelten andere Regeln und manchmal auch gar keine.

Die wild wachsende *Lomatia tasmanica* ist in dunklen Schluchten und Auen des Regenwaldes zu Hause, die von üppiger Vegetation überschattet werden. Nach Forschungsberichten der Genetikerin Jasmine Lynche besteht die Population aus mehreren 100 Stämmen, die sich über 1,2 Kilometer erstrecken und bis zu acht Meter Höhe erreichen können, wenn die biegsamen Zweige nach oben gerichtet sind. Immerhin konnte ich im Königlichen Botanischen Garten von Tasmanien ein paar Ableger der Lomatia mit eigenen Augen betrachten. (Auch wenn es sich wissenschaftlich gesehen um dieselbe Pflanze handelt, ist das simple Anschauen von Ablegern doch nicht zu vergleichen mit einer zweitägigen Wanderung durch die Wildnis des Südwestens Tasmaniens, die zu den unzugänglichsten Gebieten Australiens gehört, bis zu dem Ort, an dem die Pflanze seit 43600 Jahren zu Hause ist.)

Lorraine Perrins, Konservatorin seltener und bedrohter Pflanzenarten, hat mir erzählt, dass der Botanische Garten Hobart und ein weiterer in Canberra die einzigen Orte sind, an denen die Lomatia außerhalb ihres natürlichen Lebensraums zu finden ist, und selbst dort wird sie

Lomatia Tasmanica #1211 - 0426 (43,600 years old; Propagated clone)

KÖNIGLICHER BOTANISCHER GARTEN, HOBART, TASMANIEN

Lomatia Tasmanica # 1211-0441 (43,600 years old; Research Greenhouse)

nicht öffentlich ausgestellt. Ihre Ableger sind so empfindlich, dass der Einzige von ihnen, der einmal einen halben Tag im öffentlichen Bereich, unter nur leicht veränderten Bedingungen, gestanden hat, eingegangen ist. Das verheißt nichts Gutes für das Überleben der Pflanze. Sie ist so stark bedroht, dass nur noch *ein einziges lebendes Exemplar ihrer Art* existiert. In der Natur wird sie von *Phytophthora cinnamomi* bedroht, einem invasiven Erreger, der ohne sorgfältige Vorsichtsmaßnahmen mit den Schuhen eingeschleppt werden kann und bei anfälligen Pflanzen zur Wurzelfäule führt. Im Botanischen Garten versuchen die Botaniker, Zweige der *Lomatia tasmanica* auf andere verwandte Lomatia-Arten aufzupfropfen, aber der Erfolg hält sich in Grenzen. Derweil überlebt die Pflanze auf die einzige Art, die sie kennt: indem sie sich immer wieder selbst klont und dadurch theoretisch unsterblich ist, obwohl das vermutlich angesichts der Unbeständigkeit unseres zukünftigen Klimas nicht ewig so weitergehen wird.

{27}

Huon Pine

ALTER
10 500 Jahre

STANDORT
Mount Read, Tasmanien; Königlicher Botanischer Garten, Hobart, Tasmanien

SPITZNAME

GEBRAUCHSNAME
Huon Pine, Macquarie Pine

LATEINISCHER NAME
Lagarostrobos franklinii

Dead Huon Pine adjacent to living population segment #1211-3609 (10,500 years old)

Verärgert fuhr ich die ganze Strecke von Rosebery nach Strahan – das sind etwa 70 Kilometer –, wo ich in einem Souvenirgeschäft entrüstet für zwei Dollar eine Tüte mit Hobelspänen von *Lagarostrobos franklinii* erstand, deren duftendes Holz für Kleiderschränke ebenso begehrt ist wie Zedernholz. Nachdem ich mich sechs Monate lang durch die nervenaufreibende Bürokratie der tasmanischen Parkverwaltung gekämpft hatte, dachte ich, mir mit einer geführten Wanderung eine Tür zum Standort der Huon Pines zu öffnen. Aber auch diese Idee war, wie sich herausstellte, zu schön, um wahr zu sein.

Warum musste ich einen Führer engagieren, statt wie sonst mit Wissenschaftlern zusammenzuarbeiten? 2006 hatte ich mit einer Wissenschaftlerin in der tasmanischen Nationalpark-Verwaltung wegen eines Besuchs am Standort der erwähnten Lomatia gesprochen. Im Wesentlichen betrafen ihre Bedenken das richtige Timing für den anspruchsvollen Aufstieg dorthin, denn das Wetter kann rau und unberechenbar sein. Als ich im Laufe des Projekts den Zeitpunkt meiner Reise nach Tasmanien verschob, war ich auf den fürchterlichen Papierkrieg, der mir bevorstand, überhaupt nicht vorbereitet. Meine Kontaktperson arbeitete nicht mehr in der Parkverwaltung, und so kämpfte ich mich in den sechs Monaten vor meiner Reise durch einen Dschungel von Behörden und Abteilungen (und landete sogar beim Lamont-Doherty Tree Ring Lab im Staat New York), um die wichtigsten aktiven Forscher, die sich mit *Lagarostrobos franklinii* beschäftigen, ausfindig zu machen, und suchte außerdem nach Forschern, die mit der Lomatia befasst waren. Diese Forscher luden mich schließlich ein, sie auf einem ihrer bereits genehmigten Besuche des Standortes zu begleiten.

Doch leider ist in der Park-Verwaltung eine einzige Person für die Ausgabe der Genehmigungen zuständig; die Zugangserlaubnis hängt allein von ihr ab, und sie sagte Nein zu meinem Antrag, die Lomatia *und* die Huon Pines anzuschauen. Ich war, gelinde gesagt, perplex, denn nirgendwo anders auf der Welt hatte man mir den Zugang zu einem meiner Motive verweigert. Nur in Tasmanien. Und so kam es, dass ich mich mit meinem sogenannten Führer auf den Weg zu dem uralten Standort von *Lagarostrobos franklinii* auf dem Gelände einer im Privatbesitz befindlichen Mine begab.

Das Alter des Huon-Pine-Bestands wurde anhand der Datierung einiger Blütenpollen vom Grund des weiter unten gelegenen Sees bestimmt, die genetisch mit dem Lebendbestand übereinstimmten. (Zwischen den Stämmen der Kolonie sind auch andere Baumarten zu finden). Genau wie Pando ist auch die Huon-Kolonie männlich, aber im Unterschied zu

Pando, dessen einzelne Stämme nicht länger als höchstens ein paar 100 Jahre leben, sind viele der einzelnen Huon-Stämme 500 bis 1000 Jahre alt. Manche haben sogar die 2000-Jahre-Marke überschritten, wie mithilfe der Dendrochronologie festgestellt wurde. Damit ist *Lagarostrobos franklinii* das einzige Lebewesen, das meine Altersanforderungen gewissermaßen doppelt einhält: einmal als einzelner Stamm von über 2000 Jahren und gleichzeitig als Teil eines Klons, der über 10 000 Jahre alt ist.

Mike Peterson hat zwei weitere uralte Einzelbäume in zwei verschiedenen abgelegenen Gebieten der tasmanischen Wildnis entdeckt, den Harmon-Baum und die Big Huon Pine, kurz BHP. Der Harmon ist mindestens 2000 Jahre alt und die BHP mindestens 3000 Jahre, vielleicht sogar älter.

Um weiter nach oben in die Berge zu gelangen, muss man an der Wachstation der Bergbaugesellschaft vorbei. Ich war im Dezember dort, wenn auf der Südhalbkugel Sommer herrscht, dennoch war es kühl, als wir unseren Aufstieg über den steinigen Sandweg begannen. Schließlich kamen wir zu einem Tor – kein Zaun, nur ein Tor –, zu dem mein Führer einen der wenigen Schlüssel besaß. Ein Biologe in Hobart erzählte mir später, dass der Holzbohlenweg, über den wir gelaufen sind, von toten Huon-Bäumen aus derselben Kolonie umgeben war, die jedoch einige Jahre zuvor einem Feuer zum Opfer gefallen waren. Die noch lebenden Bäume, die sich bis hinunter zum Lake Johnson erstrecken, konnte ich zwar aus der Ferne erkennen, aber ich durfte nicht in ihre Nähe gehen.

Bei meiner Rückkehr nach Hobart besuchte ich noch einmal den Königlichen Botanischen Garten, wo Botaniker mit Erfolg einen Trieb aus dem Mount-Read-Bestand eingepflanzt hatten. Wissenschaftlich gesehen handelt es sich dabei um denselben 10 500 Jahre alten Organismus, wenn er auch, genau wie bei der Lomatia, aus seinem ursprünglichen Umfeld herausgelöst wurde. Hätte man mir den Zugang gewährt, wäre durch meine Fotoaufnahmen am Standort keinerlei Schaden entstanden, denn ich hätte die geltenden Sicherheitsbestimmungen zum Schutz vor der Einschleppung von Krankheitskeimen eingehalten. Aber Politik, Bürokratie, Bergbau und Forstwirtschaft sind eine Sache für sich.

Laut eines Berichts der Staatlichen Botanischen Gärten Australiens wurde das Öl der *Lagarostrobos franklinii* zur Wundheilung, gegen Zahnschmerzen und als Insektizid eingesetzt. Das verrottungsresistente Holz hat man im Schiffbau verwendet. Und vielleicht finden manche Konsumenten – analog zum dubiosen Status einiger Produkte, die aus gefährdeten Tieren oder Pflanzen hergestellt werden – Möbel aus dem Holz bedrohter Baumarten wegen ihrer Exklusivität umso begehrenswerter. Trotzdem existiert dieser Bestand noch. Die meisten *Lagarostrobos franklinii* sind inzwischen entweder gefällt worden, oder sie stehen unter Naturschutz.

Wie bringen wir die Bedürfnisse der Menschen mit dem langfristigen Überleben unseres Planeten in Einklang? An dem mit Steinen übersäten Strand von Stahan dachte ich, während ich mit den Zehen im kalten Wasser stand und aufs Meer schaute, an die Macquarie-Insel – noch abgelegener als Tasmanien, Sprungbett in die Antarktis und ohne Menschen, die sie permanent bewohnen. Eine eigene Welt an einem weit entfernten, unsichtbaren Ufer.

Huon Pine #1211-4033 (10,500 years old)

MOUNT READ, TASMANIEN

Huon Pine #1211-0445 (10,500 years old; propagated clone)

KÖNIGLICHER BOTANISCHER GARTEN, HOBART, TASMANIEN

{28}

Eukalypten

NEW SOUTH WALES

ALTER
13 000 Jahre

ORT
New South Wales,
Australien

SPITZNAMEN
zensiert

GEBRAUCHSNAME
Eukalyptus

LATEINISCHER NAME
zensiert

WESTERN AUSTRALIA

ALTER
6660 Jahre

ORT
Meelup, Western Australia,
Australien

SPITZNAMEN
Meelup Mallee

GEBRAUCHSNAME
Eukalyptus

LATEINISCHER NAME
Eucalyptus phylacis

Rare Eucalyptus (species redacted for protection) #1211-2233 (13,000 years old)

NEW SOUTH WALES, AUSTRALIEN

Rare Eucalyptus # 1211-2105 (13,000 years old)

NEW SOUTH WALES, AUSTRALIEN

Rare Eucalyptus, outlier #1211-1714 (13,000 years old)

Es gibt ungefähr 700 verschiedene Eukalyptusarten und folglich eine sehr große Vielfalt. Die Mehrheit dieser Arten stammt ursprünglich aus Australien, aber man findet sie heute in vielen frostfreien Gebieten auf der Erde (Mancherorts sind sie eine willkommene Abwechslung, an anderen Stellen nur eine invasive Spezies.). Zur Gruppe der Eukalypten gehört auch ein Regenbogen-Typus, dessen Rinde so farbenprächtig schimmert, als hätte sich eine Horde von Kunststudenten daran ausprobiert. Andere dienen als Rohstofflieferant für alles Mögliche, von Didgeridoos über Feinpapierfasern bis hin zu Öl oder Hustensaft. Und natürlich sind Eukalyptusblätter als Hauptnahrung der Koalabären bekannt, die nicht zuletzt wegen des geringen Nährstoffgehalts der Blätter 20 Stunden pro Tag schlafen. Aber an den Eukalyptusbäumen, auf die ich aus war, dürften Koalas kaum interessiert sein. Beide Bäume sind »Mallees«; dieser Begriff deutet auf die Ausbildung mehrerer Stämme von einem Wurzelsystem aus hin, im Gegensatz zu einem Einzelstamm. Die Bäume wirken dadurch fast wie Büsche. Koalas ziehen ältere, stabilere Bäume vor, die allerdings durch die Zerstörung ihrer Lebensräume durch die Menschen immer seltener werden. Dadurch wiederum sind die Koalas in manchen Gegenden bedroht.

Der erste Eukalyptus, den ich aufsuchte, war mehr als gefährdet: Er war kurz vor dem Absterben. Es war nicht einfach, die Erlaubnis zu erhalten, den 13 000 Jahre alten Mallee in New South Wales zu besichtigen. Ich war auf ein paar Stellen gestoßen, in denen der Baum erwähnt wurde, aber sein genauer Standort wird streng geheim gehalten, teils weil die Art extrem selten ist, teils weil er auf dem Gelände einer privaten Mine steht. Nachdem ich sowohl bei einem Rechtsanwalt als auch bei jemandem mit politischem Gewicht substanzielle Unterstützung eingeholt hatte, wurde mir der Zugang unter der Bedingung gewährt, dass ich weder den Artnamen noch irgendeine Standortinformation, die über den Namen des Bundesstaates hinausgeht, preisgebe. Es existieren nur noch fünf bekannte Exemplare dieser Art, von denen eines höchstwahrscheinlich ein Klon ist, was die Anzahl auf vier reduziert. Ein Einheimischer hat diese Art im Jahr 1985 entdeckt. Vermutlich erkannte er die Besonderheit des Baumes an den kleinen, ungewöhnlichen Blättern, ähnlich wie es Mitch Provance mit der Palmer's Oak in Riverside, Kalifornien, erging – die zufälligerweise ebenfalls 13 000 Jahre alt ist.

Der Himmel war bedeckt an dem Tag, als ich mit John Briggs, einem der Hauptforscher, die sich mit dem Baum befassen, und zugleich Mitglied des Teams, das sich um seine Genesung und seinen Erhalt kümmert, zum Standort fuhr. Der Baum ist vom aktiven Bergbaurevier mit mehreren niedrigen Planen und knallig orangefarbenen Plastikzäunen abgeschottet. Sein Hauptteil dürfte kaum höher als 4,50 Meter sein und besteht aus über 75 Stämmen. Der Wurzelbereich ist wesentlich größer, als man dem überirdischen Wuchs nach vermuten würde. Etwa 40 Meter entfernt steht ein zweiter, identischer, wenn auch wesentlich kleinerer Horst (etwa 1,80 Meter hoch).

Briggs wartet seit *Jahren* auf die Labor-Ergebnisse der Kohlenstoffdatierung und der genetischen Untersuchungen, die bestätigen sollen, dass es sich bei beiden um ein und denselben Organismus handelt. Die Entfernung und die Wachstumsraten-Analyse liefern erste Hinweise darauf, dass der Baum seit mindestens 13 000 Jahren, vielleicht sogar schon viel länger, als Klon existiert.

Ein paar frühe, anemonenähnliche weiße Blüten öffneten an jenem Tag Ende Dezember gerade ihre Knospen. Die Forschung hat gezeigt, dass die Art nicht gut keimt, und wenn doch, dann enthalten die Samen oft keine Embryos und sind daher unfruchtbar. Sollten trotzdem Sämlinge wachsen, zeigen sie oft »einen Mangel an Lebenskraft, was darauf hindeutet, dass in diesem Taxon ein post-zyotisches Letalitätssystem am Werk sein könnte«. (Das meint Michael Crisp, der die Art im Jahr 1988 als Erster beschrieben hat.) Mit anderen Worten: Die vegetative Strategie der Vermehrung durch Vielstämmigkeit (Mallee) ist die einzig wirksame Überlebensstrategie der Art.

Wir blieben eine Weile in dem Waldgebiet und gingen dann mit dem Vorarbeiter, der sich über unsere Gesellschaft zu freuen schien, hinüber in das benachbarte Bergbaurevier. Als mich Brigg schließlich nach Canberra fuhr, damit ich von dort einen Bus zurück nach Sydney nehmen konnte, hatte es zu regnen begonnen. Wir unterhielten uns während der Fahrt noch ein bisschen, und sein Tonfall verriet seine Frustration angesichts der Steine, die ihm von der Bürokratie in den Weg gelegt wurden. Dazu gehört zum Beispiel die erwähnte Verzögerung der Testergebnisse. Wir sprachen auch über einige Umweltprobleme des Landes, insbesondere über die lange Liste von wilden, standortfremden Tieren in Australien, auf der zum Beispiel Katzen, Kamele und Riesenkröten stehen. Die Erwähnung von Katzen erinnerte mich an eine Geschichte, die mir Rob Price erzählt hatte, von einem kleinen, flugunfähigen Vogel – dem Stephenschlüpfer –, an dessen Aussterben womöglich eine einzige Katze schuld ist, nämlich die Katze, die der Leuchtturmwärter von Stephens Island sich anschaffte – derselbe Mann, der diese Vogelart überhaupt erst entdeckt hat.

Am Abend dieses Tages kehrte ich in das Haus von Rob Todd und Sandra Domelow zurück, das für mich auf dieser vielseitigen, langen Reise ein willkommenes Zuhause in der Fremde geworden war. Am nächsten Tag sollte ich nach Perth fliegen, wo ich bei Robs Bruder Dave und seiner Familie wohnen würde. Es ist ganz besonders schön, so weit vom eigenen Zuhause entfernt in das Zuhause anderer Menschen eingeladen zu werden.

Der zweite Eukalyptusbaum hatte ursprünglich nicht auf meiner Liste gestanden. Ich erfuhr vom Meelup Mallee über Kingsley Dixon, einem Naturschutzbiologen vom King's Park and Botanic Garden in Perth. Ich hatte mich bei Dixon nach den Stromatolithen erkundigt, und bei der Gelegenheit erzählte er mir auch von diesem Baum. Obwohl ich im Allgemeinen alle Recherchen vor Reiseantritt durchführe, war es nicht das erste Mal, dass ich von einem weiteren alten Lebewesen erfuhr, während ich gerade einem anderen auf der Spur war. Zum Glück stand dieser Eukalyptus nur eine machbare Tagestour von Perth entfernt, sodass ich die Fahrt problemlos an meinem »freien Tag« absolvieren konnte. Ich hatte sowieso keine große Lust zum Schwimmen, seit mir Dave Todd von einigen Todesfällen durch Haifische an dem Strand in der Nähe ihres Hauses erzählt hatte.

Der 6660 Jahre alte Meelup Mallee, der 1992 von zwei ostaustralischen Botanikern entdeckt wurde, hat es wesentlich schwerer gehabt als sein Cousin in New South Wales, obwohl man viel leichter an ihn herankommt. Zuerst wurde er von einer Straße zweigeteilt und dann durch den Bau eines Panoramaparkplatzes mit Meerblick fast gänzlich zerstört. Da wurde er gerade noch rechtzeitig entdeckt. Später fielen Teile von ihm einem Feuer zum Opfer, aber die Wuchsform der Mallees – die Lignotuber, die schlafende Knospen enthalten, die nach Feuer auskeimen – ermöglichte es dem Baum, sich davon zu erholen. Manche Eukalypten sind sogar am Anfang einstämmig, formen sich aber nach dem extremen Stress eines Feuers zur Mehrstämmigkeit um.

Nach meiner Ankunft in Perth fuhr ich direkt zu Dixon in den Botanischen Garten, und er zeigte mir ein paar Klone, die sie in der Forschungsgärtnerei gezüchtet hatten. Die Meelup-Mallee-Klone lassen sich sehr gut kultivieren und blühen auch, produzieren jedoch noch nicht sehr viele Samen. Dixon berichtete mir, dass Veränderungen der Regenfall-Häufigkeit

Meelup Malle, Eucalyptus #1211-0701 (6,000 years old)

MEELUP, WESTERN AUSTRALIA, AUSTRALIEN

Meelup Malle and Indian Ocean #1211-0791 (6,000 years old)

MEELUP, WESTERN AUSTRALIA, AUSTRALIEN

in den historisch regenreichen Wintern zu längeren Trockenperioden führen (und damit zu Stress durch Dürre), während umgekehrt in den sonst trockenen Sommern die Luftfeuchtigkeit ansteigt. Die Feuchtigkeit wiederum regt »ein breites Spektrum neuer, unliebsamer pathogener Pilze [an] ... und erhöht die Anfälligkeit der Bäume für bakterielle Geschwüre, die ganze Organismen auslöschen können«. Mit anderen Worten: Der Meelup Mallee mag Feuer, Straßenbau und Parkplätze überlebt haben, aber der Klimawandel könnte ihm zum Verhängnis werden.

Dixon schnitt von einem robusten Strauch einen dichtbelaubten Zweig ab und reichte ihn mir. Am nächsten Morgen fuhr ich mehrere Stunden bis nach Meelup und erreichte die Küstenstadt in der erbarmungslos heißen Mittagssonne. Ich entdeckte die entscheidenden Schilder am Straßenrand, fuhr auf den verlegten Parkplatz und verglich die Blätterstruktur des Baumes mit der des Zweiges von Dixon, um sicherzugehen, dass ich das Original gefunden hatte.

{29}

Stromatolithen

ALTER
2000 bis 3000 Jahre

ORT
Carbla Station, Western Australia, Australien

SPITZNAME

GEBRAUCHSNAME
Stromatolithen

LATEINISCHER NAME
keiner (Cyanobakterien)

Stromatolites #1211-0512 (2,000 - 3,000 years old)

CARBLA STATION, WESTERN AUSTRALIA, AUSTRALIEN

Stromatolites, Microbial Mat #1211-0061 (2,000 - 3,000 years old)

Sub-surface Stromatolites #1211-0950 (2,000-3,000 years old)

Stromatolites #1211-0518 (2,000-3,000 years old)

Wagon tracks through dead Stromatolites #12/1-0235

SHARK BAY, WESTERN AUSTRALIA, AUSTRALIEN

Vor vier Milliarden Jahren wäre uns die Erde völlig unbekannt vorgekommen. Es gab noch keine Kontinente und sehr wenig Sauerstoff. Schwer zu sagen, wann genau das Leben entstanden ist und was für ein Leben das eigentlich war. Es ist schon bemerkenswert, dass wir mehr über die Oberflächen anderer Planeten als über die Ursprünge des Lebens auf unserem eigenen Planeten wissen. Eins jedoch wissen wir, nämlich dass sich vor etwa 3,5 Milliarden Jahren die Stromatolithen gebildet und die kolossale Aufgabe übernommen haben, die Erde mit Sauerstoff anzureichern. Dann dauerte es weitere drei Milliarden Jahre, bis die ersten mehrzelligen Organismen auftauchten.

Stromatolithen verstoßen gegen eine Menge Regeln, denn sie sind sowohl biologisch als auch geologisch: Sie bestehen aus Cyanobakterien (und manchmal auch bakterienähnlichen Archaeen), kombiniert mit nichtlebenden Sedimenten. Über ihre Zusammensetzung existieren unterschiedliche Theorien unter den Wissenschaftlern. Manche sagen, sie seien nach und nach entstanden und hätten ihre manchmal pilzartige Form im Laufe der Zeit ausgebildet. Andere meinen, diese Strukturen seien die Überbleibsel größerer Mikrobenmatten, die allmählich bis auf diese individuellen Formen abgetragen wurden. In beiden Fällen brauchen sie Sonnenlicht für die Photosynthese, deren Endprodukt Sauerstoff ist. Fossile Stromatolithen sind überall auf der Erde zu finden, und lebende Exemplare gibt es noch in Belize und auf den Bahamas. Aber die älteste und gesündeste Kolonie lebt in einer hypersalinen Bucht nördlich des Hamelin Pool, im Naturschutzgebiet von Carbla Station in Western Australia. Die Stromatolithen von Shark Bay, die berühmtesten und am häufigsten besuchten, sind eigentlich tot, was daran zu erkennen ist, dass sie schwarz geworden sind.

Ehe ich von Perth aus zu der 800 Kilometer langen Fahrt aufbrach, flößte mir Dave Todd einen gehörigen Respekt vor dem Outback ein, indem er mein kleines Mietauto mit zusätzlichen Wasserbehältern, jeder Menge Sonnenschutzmittel und haltbaren Lebensmitteln vollpackte – für den Fall, dass ich unterwegs eine Autopanne haben sollte.

Es war eine lange, heiße Fahrt.

Obwohl die Carbla Station von einem relativ jungen Paar bewirtschaftet wurde, ich der einzige Gast war und zudem zum Arbeiten gekommen war, fühlte ich mich auf der Farm nicht besonders willkommen. Der Ranger Ross Mack dagegen, der mich zu den Stromatolithen führen sollte und anfangs ein bisschen unwillig gewirkt hatte, entpuppte sich als einer der freundlichsten und hilfsbereitesten Menschen, die mir auf dieser Expedition begegnet sind. (Am Ende unseres Ausflugs beschloss er, mir seine alte Nikonos-Unterwasserkamera – das gleiche Modell wie die, die ich in Spanien zum Fotografieren des Posidonia-Seegrases verwendet hatte, nur vollkommen funktionstüchtig – zu schenken, und fuhr am nächsten Morgen die gut zwei Stunden vom Büro des Department of Environment and Conservation in Denham zurück an die Spitze der Halbinsel und bis auf die andere Seite der Shark Bay, nur um sie mir zu bringen.)

Mack holte mich in seinem speziell ausgerüsteten Dienstwagen ab, und wir fuhren eine Schotterpiste hinunter, an einer Herde wilder Ziegen vorbei und dann auf den Strand. Reihen von Stromatolithen erstreckten sich in beide Richtungen an der Küste entlang, und weitere setzten sich bis ins Wasser hinein fort und verschwanden allmählich in den Wellen.

Die Temperatur stieg auf 44°C. Es war ein schwieriger Tag, um zu fotografieren. Ich hatte die Erlaubnis, zwischen den im Wasser lebenden Stromatolithen zu schnorcheln, aber nicht zu tauchen, denn das hätte die Anwesenheit weiterer offizieller Aufsichtspersonen erfordert. Der hohe Salzgehalt des Wassers und das Fehlen eines Tauchgürtels, der mich unten hielt, machten es mir so gut wie unmöglich, unter der Wasseroberfläche zu bleiben. Ich zog meinen Neoprenanzug aus, um den Auftrieb zu verringern, und das half ein bisschen, aber es war immer noch schwierig, ruhig im Wasser zu liegen, um die Bilder zu machen, die ich haben wollte. Ich schwamm in die Richtung, die Mack mir gezeigt hatte, um die beste Perspektive zu bekommen, und erblickte tatsächlich die felsähnlichen Formen der Stromatolithen, die dort wesentlich größer waren als die über Wasser liegenden. Einen flüchtigen Moment lang schaute ich durch ein Zeitfenster auf eine Erde ohne Kontinente, auf der nur die allerprimitivsten Lebensformen existierten. Die Stromatolithen auf dem Strand, die sich halb im Wasser befanden und von der heißen Sonne verwittert waren, verstärkten den Eindruck der Ursprünglichkeit dieser Gestalten, die zu den ältesten Lebewesen auf unserem Planeten zählen, und die dort lagen, als warteten sie nur darauf, sich weiterzuentwickeln.

Nur ein kleines Stück von diesem Strand entfernt, befindet sich inmitten der zerklüfteten Landschaft mit der kargen Vegetation ein Meteoritenkrater. Wenn man in großer Hitze auf einer Mikrobenmatte steht, kommt es einem durchaus nicht abwegig vor, sich vorzustellen, das Leben auf der Erde könne mit einem mikroskopisch kleinen blinden Passagier von einem anderen Ort in diesem unfassbar großen Universum begonnen haben.

ANTARKTIS

Antarktisches Moos

ELEPHANT ISLAND

ALTER
5500 Jahre

STANDORT
Elephant Island, Antarktis

SPITZNAME

GEBRAUCHSNAME
Antarktisches Moos

LATEINISCHER NAME
Chorisodontium aciphyllum

SOUTH GEORGIA

ALTER
2200 Jahre

STANDORT
South Georgia, Südatlantik

SPITZNAME

GEBRAUCHSNAME
Antarktisches Moos

LATEINISCHER NAME
Polytrichum/Chorisodontium

Moss Growth on Southwest coast #0312-08B35

Antarctic Moss # 0212 - 7A12 (5,500 years old)

ELEPHANT ISLAND, ANTARKTIS

Meine allererste Übernachtung auf See fand in einem der rauesten Meeresgebiete der Erde statt: der Drakestraße. Ich war auf der Suche nach 5500 Jahre altem Moos. In der Antarktis.

Einige Jahre waren vergangen zwischen dem Moment, in dem ich im Reiseführer eines Freundes den Hinweis auf das alte Moos gefunden hatte, und dem Tag, an dem ich die erste veröffentlichte Studie über dieses Moos in Händen hielt. Ich hatte einen 1987 erschienenen wissenschaftlichen Artikel von Svante Björck und Christian Hjort ausgegraben, die das Alter und den Standort des Mooses auf Elephant Island – einer Insel, die nach den dort lebenden See-Elefanten, nicht den Dickhäutern, benannt wurde und sich nordöstlich der Antarktischen Halbinsel erstreckt – bestätigten. Ich spürte die beiden Forscher an der Universität Lund in Schweden auf und bombardierte sie mit Fragen.

Es hat einen besonderen Reiz, Forscher zu treffen, die diese uralten Organismen nicht nur untersuchen, sondern auch die Ersten waren, die sie entdeckt und identifiziert haben. Das unterstreicht, was man im täglichen Leben nur allzu oft vergisst: Es ist noch so viel zu tun, es gibt so vieles, was wir noch nicht wissen – und eine Entdeckung hautnah mitzuerleben muss sehr spannend sein. Soweit bekannt ist, hat kein Mensch dieses Moos je wieder zu Gesicht bekommen, nachdem die beiden es entdeckt haben. Das heißt, bis zu meinem Besuch.

Die Insel Elephant Island ist berühmt geworden als das berüchtigte, unwirtliche Stück Land, auf dem die von der Außenwelt abgeschnittene Mannschaft Ernest Shackletons Zuflucht fand. 1914 brachen Ernest Shackleton und seine 28-köpfige Mannschaft zur letzten Reise des »Goldenen Zeitalters der Antarktis-Forschung« auf, um die erste Kontinentaldurchquerung der Antarktis zu versuchen. Dieses Vorhaben hatte wenig Aussicht auf Gelingen, aber die schier unglaubliche Überlebensgeschichte der Gruppe machte dem Spitznamen der Expedition, die *Endurance Expedition* (»Ausdauer-Expedition«) genannt wurde, alle Ehre. Nachdem ihr Schiff in der Wedell-See im Eis stecken geblieben und zerquetscht worden war, verbrachten die Männer mehrere Monate auf dem Eis, ehe sie die eigentlich undenkbare Leistung vollbrachten, sich auf den festen Boden von Elephant Island zu retten. Was von ihren Vorräten noch übrig war, schwand allmählich dahin und war schließlich verbraucht, und was ihnen am meisten fehlte, war der Tabak. Die Männer litten so sehr unter dem Verlust, dass sie versuchten, einheimische Flechten zu rauchen, wenn auch mit mäßigem Genuss. Zum Glück lag ihr Camp nicht auf der gleichen Seite der Insel wie das Moos, sonst hätten sie das womöglich auch noch geraucht.

Die Antarktis ist *riesig*, und die Chance, dort etwas zu finden, noch dazu ein kleines dunkles Gewächs zwischen all dem gleißend hellen Schnee und Eis, ist minimal – nun ja, viel Glück. Als Björck und Hjort ihre Feldforschungen durchführten, gab es noch kein GPS. Sie waren von einem Hubschrauber abgesetzt worden und konnten mir daher, abgesehen vom Namen der nächstgelegenen Bucht, mit keinerlei Hinweisen dienen. Ich streckte meine Fühler hilfesuchend in Richtung der NASA, des British Antarctic Survey (das Polarforschungsprogramm von Großbritannien) und Google aus. Schließlich half man mir bei Google Earth weiter, indem man einen Kontakt mit dem Polar Geospatial Center der Universität von Minnesota herstellte, wo mit einigen der ausgefeiltesten Bildverarbeitungstechniken gearbeitet wird, die derzeit zur Verfügung stehen.

Es ist heutzutage leichter, aus dem Weltall in die Antarktis zu gelangen als von der Erde aus. Aber das sollte mich nicht davon abhalten, es zu versuchen.

Der Sturm in der Ferne hatte unser Schiff innerhalb von Minuten erreicht. Schnee peitschte gegen die Fenster, und schaumgekrönte stahlgraue Wellen schlugen an die Seitenwände, unterbrachen das rhythmische Schaukeln des Schiffes von vorne nach hinten und von rechts nach links und verwandelten es in etwas vollkommen Unberechenbares. Obwohl ich mit eisernem Willen dagegen ankämpfte, verbrachte ich meinen ersten Morgen auf hoher See damit, mich immer wieder zu erbrechen, und den Rest des Tages verschlief ich dann, nachdem ich Meclozin eingenommen hatte. Zum Glück vergingen meine Beschwerden schnell wieder. Über Nacht hatten wir erfolgreich das offene Meer durchquert, und nun geschah etwas Magisches: *Wir befanden uns in antarktischen Gewässern.*

Der wachsame Kapitän hatte schon am Vortag den ersten Eisberg in der Ferne gesichtet. Aber im klaren Tageslicht des dritten Morgens vervielfachte sich ihre Zahl. Manche waren von beträchtlichem Umfang und hatten sattblau schimmernde Stellen, andere wirkten kaum größer als die Splitter von Eiswürfeln, die in einem stehen gelassenen Drink vor sich hin schmelzen. Es tauchten auch wieder Landfetzen auf, gebirgig und schneebedeckt, und man konnte sogar Tiere sichten: Adélie- und Eselspinguine, Kormorane, Krabbenfresser, Sturmschwalben, angriffslustige Raubmöwen, riesige Albatrosse. Ein Seeleopard fing sich zum

Antarctic Moss # 0212-7B33 (5,500 years old)

ELEPHANT ISLAND, ANTARKTIS

Mittagessen einen Adéliepinguin und warf ihn hin und her, wie Katzen es mit ihrer Beute machen, aber nicht so spielerisch. Er versuchte, ihn aufzuknacken wie eine Nuss, um an die zarten Stücke im Innern heranzukommen.

Inzwischen suchte ich, bei unserem ersten Halt auf der Insel Cuverville Island, die ganz in der Nähe, aber nicht auf dem Kontinent liegt, nach etwas anderem. Große Moosflächen und orangefarbene Flechten säumen dort die steilen Hänge hinter dem Strand, wo der Guano der Pinguin-Kolonie Nahrung liefert und die Moose die zerklüfteten Felszungen, auf denen Schnee und Eis sich kaum halten können, mit einem grünen Teppich überziehen.

Wir fuhren weiter nach Süden und gingen in Neko Harbor vor Anker. Ich stieg vom Schiff hinunter in ein Schlauchboot und wurde von zwei Buckelwalen begrüßt, die ihre Köpfe und Schwänze aus dem Wasser reckten. Als ihre Neugier gestillt war, zogen sie sich wieder ins tiefere Wasser zurück, und wir fuhren zu einem Stück Sandstrand und stiegen aus. Unsere Gummistiefel machten im eisigen Wasser leise Plitschgeräusche. Ich war ergriffen, beinahe körperlich überwältigt, vom schieren Ausmaß dieser Landschaft, die irgendwo in der Erdgeschichte erstarrt war und dennoch vor Leben, das sich auf einzigartige Weise an die Gegebenheiten angepasst hatte, strotzte.

Zum ersten Mal betrat ich den letzten Kontinent meiner Reise.

Wir kamen in der Nacht nach Elephant Island. Ich war schon vor dem Klingeln des Weckers auf den Beinen, stand neben dem Kapitän auf der Brücke und betrachtete ein Foto der ersten Forschungsexpedition aus dem Jahr 1987. Beim Abgleich der Formen auf dem blaugrünen, fleckigen Foto mit den Umrissen der felsigen Küste vor uns stellte ich fest, dass der Abhang auf dem Bild in der anderen Richtung verlief – das Bild war falsch herum eingescannt worden. Nicht nur das: Die wissenschaftliche Studie wies die Landmasse im Hintergrund als Clarence Island aus, obwohl es sich in Wirklichkeit um Cornwallis handelt. Diese nachvollziehbaren menschlichen Fehler machen umso deutlicher, wie schwierig es ist, auf diesem riesigen und äußerst homogenen Kontinent einen Ort akkurat zu bestimmen, insbesondere in Zeiten vor GPS. Die Herausforderung war sogar so groß, dass wir bereits eine der uralten Moosarten, die Anfang der 1980er-Jahre entdeckt wurde, wieder an die Geschichte verloren haben – sie wurde nur einmal entdeckt und nie wiedergefunden.

Unser erster Halt war Point Lookout an der Westküste. Erwartungsvoll ging ich mit der Mannschaft an Land. Meine Chancen, Elephant Island je zu betreten, hatten sich im einstelligen Prozentbereich bewegt, daher wollte ich mir diese Chance auf gar keinen Fall entgehen lassen, auch wenn mein eigentliches Ziel 15 bis 20 Kilometer weiter östlich lag. So viele unterschiedliche Faktoren mussten zusammenkommen, um ein Anlanden möglich zu machen. Ein klarer Himmel reicht nicht aus. Die Gesamtsituation des Wetters veränderte sich im Laufe eines Tages mehrmals; es braute sich an dem einen Ufer zusammen und zeigte sich an einem anderen.

Als wir an dem steinigen Strand angelegt hatten, trennte ich mich von der Gruppe und erklomm einen steilen, vereisten Hang, um ein paar kleine Moose in Augenschein zu nehmen. Von Weitem war es mir unwahrscheinlich vorgekommen, dass irgendetwas hier leben konnte. Aber die grünen Mooskissen schienen prächtig zu gedeihen.

Die Gruppe befand sich inzwischen an einer anderen Stelle des Strands, sodass ich mich zwischen Horden von Zügelpinguinen und weniger harmlosen, halbwüchsigen Seebären und See-Elefanten – von denen einer so groß war, dass er mir unwirklich vorkam – hindurchschlängeln musste, um wieder zu ihnen zu stoßen. Mein Herz schlug wie wild, als die Tiere mich vorwurfsvoll anbellten und die glanzlosen, mit Bakterien belegten Zähne fletschten. Jeder Einzelne von ihnen könnte einen Menschen ohne Weiteres mit seinem plumpen, schweren Körper umwerfen; sie sahen aus wie ein paar wütende Football-Spieler, die paarweise in einem Schlafsack stecken und unbeholfen auf einen zugehoppelt kommen.

Von der anderen Seite des Schlachtfeldes aus gab mir ein Naturkundler mit Winkzeichen zu verstehen, dass ich ruhig weitergehen könnte.

Nachdem ich sicher aufs Schiff zurückgekehrt war, ging ich direkt wieder auf die Brücke. Abgesehen von den ursprünglichen Materialien war ich dank der Hilfe von Paul Morin vom Polar Geospatial Center auch noch mit ein paar professionelleren Hilfsmitteln ausgestattet, die in den vergangenen 25 Jahren entwickelt worden sind. Auf dem Laptop hatte ich eine Karte der nautischen Zugänge in hoher Auflösung und ein gut beschriftetes Satellitenbild von Elephant Island geöffnet. Wir näherten uns Walker Point, dessen anfangs abstrakte Form bald konkrete Gestalt annahm und zwischen zwei Gletscherflächen hervorragte.

Der Kapitän nahm sein Fernglas, richtete den Blick leicht nach Steuerbord und reichte mir dann das Fernglas. Der Himmel klarte auf, und ich konnte das Moos erkennen, ein warmer grüner Schimmer, der auf dem hohen Sockel eines sonst überfrorenen, lang gestreckten Berges in der Sonne lag. *Ich sehe es. Ich bin hier.*

Ich stürzte nach unten, wo der Expeditionsleiter, der Naturforscher und legendäre Wissenschaftler Peter Hillary, sich schon für eine Schnellschuss-Anlandung mit mir bereitmachte. Ich hatte nur ein extrem kurzes Zeitfenster, um an Land zu gehen und ein paar Fotos zu machen. Wir kletterten in ein motorisiertes Schlauchboot, das neben dem Schiffsrumpf an einer Konstruktion hing, die verdächtig nach einer Seilschaukel aussah, und wurden langsam in die tanzenden Wellen hinabgelassen.

Dann rasten wir in Richtung Ufer, schlugen hart gegen jede Welle, während ich mit weißen Fingerknöcheln und ohne Handschuhe ein dickes Seil in einer Hand festhielt, die später von der Reibung ganz blutig war. Mit der anderen Hand umklammerte ich die Kamera in meiner Tasche. Ein paar Augenblicke lang waren wir gänzlich in der Luft, schwebten eine sich unendlich anfühlende Sekunde über dem Wasser und warteten auf den nächsten Aufschlag. Ich erinnerte mich an meine Grönland-Expedition im Jahr 2008, auf der Martin Appelt, der dänische Archäologe, mir beigebracht hatte, auf der rasanten Fahrt über den Fjord nicht alle Muskeln anzuspannen. Gegen die Gewalten des Meeres gewinnt niemand ein Kräftemessen.

Am Ufer wurde Hillary – der mehr als einmal den Mount Everest bestiegen hat, über Land zum Südpol marschiert ist und Neil Armstrong als vertrauenswürdiger Führer zum Nordpol begleitet hat – mein Foto-Assistent und half mir, die Kameras aus den wasserdichten Taschen zu holen, die sie vor der salzigen Gischt schützen sollten. Wir kletterten über rutschige Felsen und scheuchten jede Menge Tiere auf, während ich nach einem günstigen Platz zum Fotografieren des Mooses suchte. Die Moosmatte lag oben auf einer Klippe, mindestens 200 Meter höher und noch ein Stück von uns entfernt, aber kaum waren wir an Land gegangen, wurde es auch schon Zeit, aufs Schiff zurückzukehren.

Ich drückte auf den Auslöser und spulte den Film vor.

Icebergs #0212-0398

SÜDLICHER OZEAN, ANTARKTIS

Antarctic Moss, whale bones #0312-0014 (2,200 years old)

KANIN POINT, SOUTH GEORGIA

Antarctic Moss #0312-14A05 (2,200 years old)

KANIN POINT, SOUTH GEORGIA

Whaling station Remains #0312-16B33

GRYTVIKEN, SOUTH GEORGIA

300,000 King Penguins # 0312-13A16

GOLD HARBOR, SOUTH GEORGIA

Overland to Shackleton's Grave # 0312-16A01

AUF DEM WEG NACH GRYTVIKEN, SOUTH GEORGIA

Vor fast genau 100 Jahren brachen fünf Männer in einem knapp sieben Meter langen Boot, das nichts anderes als ein besseres Ruderboot war, zu einer 870 Seemeilen langen Reise durch die Drakestraße auf. Shackleton und seine Crew kamen sich selbst zu Hilfe.

Auch ich befand mich auf dem Weg nach South Georgia; dieselbe Strecke, aber wohl kaum dieselbe Reise. Ich saß sicher und bequem auf dem *National Geographic Explorer* und schaute aus dem Fenster, während wir die äußerste Ostspitze von Elephant Island umrundeten und damit auch diejenige Bucht, in der Shackleton und seine Männer wenigstens für kurze Zeit Erholung von der eiskalten See fanden. Ich malte im Geiste ein Bild von diesem Ort, denn nach den Strapazen des Vormittags war ich zu erschöpft, um meine Kamera hervorzuholen.

Zwei Tage später waren wir in South Georgia, einem echten Paradies der Vögel, Vegetation und exponierten Gesteinsformationen. Es war, als hätten sich die vergangenen Erdzeitalter dort klar und deutlich in die Landschaft eingeschrieben. Und auch die letzten Kapitel der Geschichte der Shackleton-Expedition kann man sich hier lebhaft vorstellen: der daumennagelgroße Strand, an dem sie ankamen; die Stelle, wo sie ihren Weg durch ein Terrain begannen, das nur gerade eben passierbar ist; der letzte Bergrücken, hinter dem sie nach einer Fahrt, die ihnen ein schier unmögliches Durchhaltevermögen abverlangt haben musste, zurück zu einem abgelegenen Außenposten der Zivilisation gelangten, einer Walfangstation in der Stromness Bay.

Der Kapitän fuhr das Schiff so weit in den Hafen hinein, dass wir praktisch auf dem Strand lagen. Trotz einiger Wolken und leichtem Schneefall war das Meer ruhig, und ich bestieg mit Stephanie Martin, einer Wissenschaftlerin, die sich mit Meeressäugern befasste, ein Schlauchboot, um einen Hafen weiter nach Husvik zu fahren. Das Moos, das ich jetzt suchte – mein »Reservemoos«, wenn man so will –, ist 2200 Jahre alt und wächst auf einem 9000 Jahre alten, fossilen Moosbett. Ausgerüstet mit Forschungsdaten und einer Karte, die mir Nathalie Van der Putten, die Entdeckerin des Mooses, gegeben hatte, betrachtete ich die Topographie des Geländes, um Kanin Point anzupeilen.

Medusa Kelp in Hercules Bay

Elephant seal guarding Shackleton's grave # 0312-40150

Der Strand und das Tussockgras waren so mit Robben übersät, dass Martin quasi zu meinem Leibwächter wurde und mir auch beibrachte, wie man sich die Tiere vom Leibe hält. Regel Nummer eins: laute Geräusche machen. Regel Nummer zwei: ein Paddel vom Schlauchboot mitnehmen. Man könnte in Versuchung kommen, einem knurrenden Seebären damit eins überzuziehen, aber das ist gar nicht nötig – es reicht schon, ihnen damit die Flossen zu tätscheln. (Was nicht heißen soll, dass im Laufe unserer Expedition niemand gebissen wurde.)

Ich kraxelte durch die Grasbüschel und erblickte die uralten Torfhügel. Ich hatte es gefunden. Ich machte einige Fotos, diesmal aus nächster Nähe, und kam mir vor wie ein Glückspilz, weil ich nicht nur eins, sondern beide Moosbetten gefunden hatte.

Später am selben Nachmittag wanderte ich von einem kleinen Meeresarm aus landeinwärts durch eine großartige Hügellandschaft zu der Stelle, an der Shackleton begraben liegt. Wieder einmal war ich ergriffen von der Pracht und Herrlichkeit dieses urzeitlichen, geschichtsträchtigen Ortes. Es war, als betrachte ich unseren Planeten zum ersten Mal wirklich.

Hätte sich jemand Shackletons Geschichte ausgedacht und als Fiktion veröffentlicht, hätte man sicher kritisiert, dass die Crew mit unrealistisch vielen Widrigkeiten zu kämpfen hat. Fünf Jahre nach seiner erschütternden Irrfahrt war Shackleton nach South Georgia zurückgekehrt und dort, als wäre seine Uhr abgelaufen gewesen, noch in der Nacht nach seiner Ankunft an einem Herzinfarkt verstorben. Er starb, ohne zu ahnen, dass er sich Elephant Island mit einem der ältesten Lebewesen der Erde geteilt hatte und dass seine Reise nur einen Steinwurf von einem weiteren solchen Lebewesen entfernt auf South Georgia enden würde. Aber ich habe das Gefühl, er hätte die stille Beharrlichkeit dieser genügsamen Moose in dieser Landschaft, die so viel über die Geschichte unserer Erde erzählt, gutgeheißen, hätte die Ehrfurcht gebietende Kraft der Natur und die prekäre Lage der Lebewesen in ihren Fängen mit Wohlwollen betrachtet.

Ich goss ein bisschen Whiskey auf Shackletons Grab und genehmigte mir selbst auch einen Schluck.

WACHSTUMSSTRATEGIE-INDEX

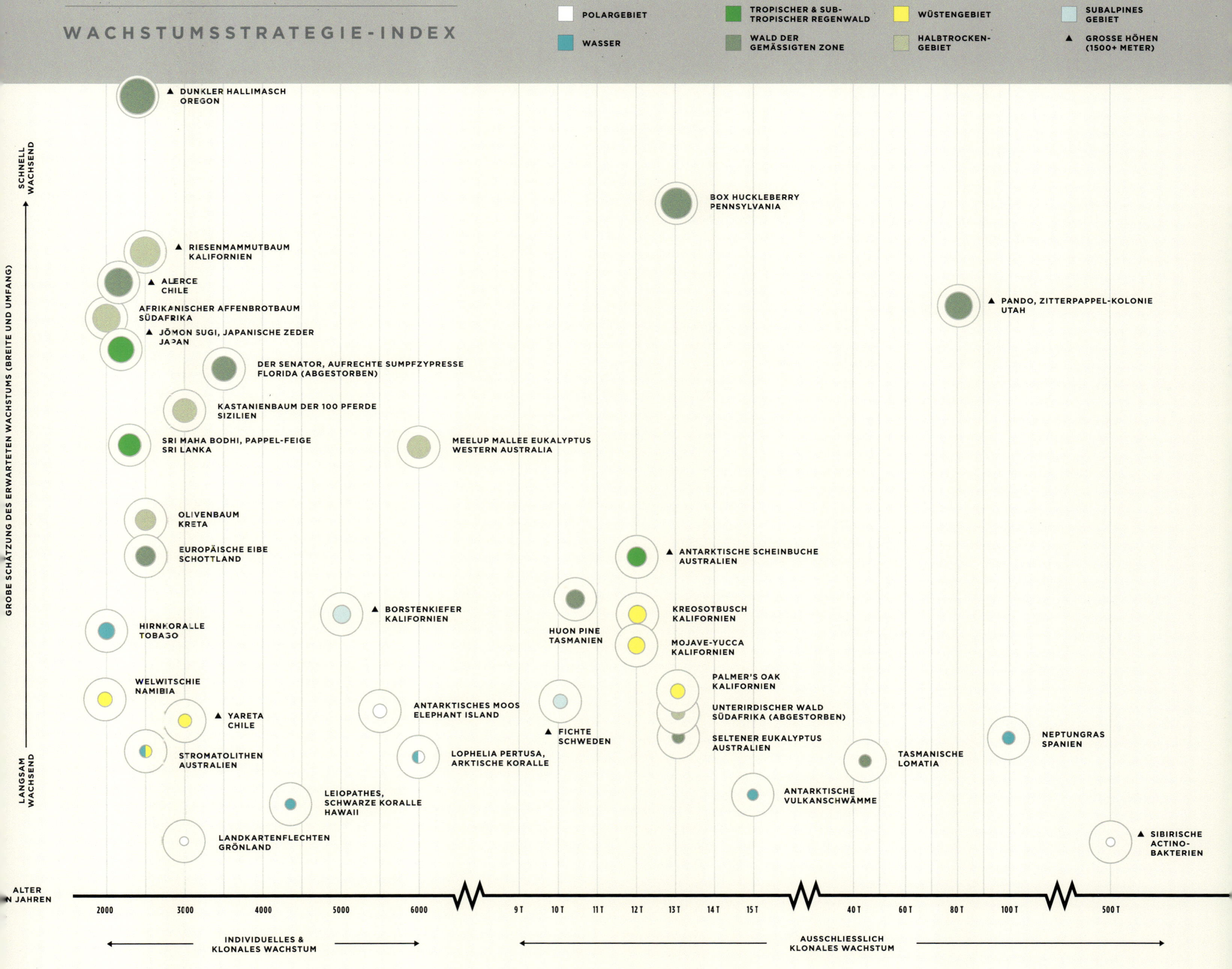

(Noch) unbeschrittene Wege

»Phase 1« dieses Projekts hat ein Jahrzehnt in Anspruch genommen (und zu diesem Buch geführt), und »Phase 2« könnte ohne Weiteres für den Rest meines Lebens andauern. Ich habe noch nicht alle Lebewesen auf meiner Liste besucht, und ich glaube auch nicht, dass jede Gattung, die es geschafft hat, die 2000-Jahre-Marke zu überschreiten, darauf vorkommt – vor allem deshalb nicht, weil wir sie definitiv noch gar nicht alle kennen. Bedenkt man, dass etwa die Hälfte meiner Motive in den letzten 30 Jahren entdeckt worden sind, kann man sich leicht vorstellen, was wir womöglich in den nächsten 30 Jahren noch alles finden könnten, falls wir uns auf die Suche begeben.

Warum also habe ich nicht wenigstens all die Lebewesen besucht, von denen ich Kenntnis habe?

(1) Ich habe von einem Objekt zu spät erfahren.

Es kam mir stimmig vor, mit dem Besuch der Antarktis einen Schlussstrich unter Phase 1 zu ziehen, aber leider bedeutete das, auf ein paar andere lohnende Objekte zu verzichten, hauptsächlich aus Zeit- und Geldgründen. So auch auf den 4000 Jahre alten Grand Gingko King in Li Jiawan in China und den Tnjri chinar, einen Baum in Armenien, auf den mich erst letzte Woche jemand aufmerksam machte.

(2) Sicherheitsgründe

Als alleinstehende, atheistische Amerikanerin jüdischer Abstammung hatte ich Bedenken, in den Iran zu reisen, um die 4000 Jahre alte Zypresse von Zarathustra zu besuchen. Letztendlich stellte ich zwei Überlegungen an: Erstens habe ich bereits andere Zypressen in meinem

Projekt, sodass es mir weniger dringlich erschien, dieses spezielle Exemplar noch zu fotografieren. Zweitens hatte ich das Gefühl, angesichts der instabilen Lage in der Region weder kulturell noch sozial noch politisch gebildet genug zu sein, um diese Reise zu unternehmen. Ich würde mir wirklich wünschen, dass es anders wäre, und möchte mit meiner Entscheidung wirklich niemanden kränken, vor allem nicht die Iranerinnen und Iraner, die mich ermutigt haben, hinzufahren. Ich kann es nicht oft genug betonen: Diese Lebewesen sind globale Phänomene, die über das, was uns trennt, hinausweisen. Daran können wir uns nur ein Beispiel nehmen. (Apropos – schauen Sie sich mal SESAME an, ein ambitioniertes Gemeinschaftsprojekt von Wissenschaftlern aus dem Mittleren Osten und ein hoffnungsvolles Beispiel, bei dem die Wissenschaft eine Brücke über scheinbar unüberbrückbare kulturelle Gräben gebaut hat.)

(3) Ich erfuhr von einem Lebewesen nach meiner Ankunft in einem weit entfernten Land, hatte aber nicht die Zeit oder nicht die Mittel, um die Reise dorthin noch zu meinem Reiseplan hinzuzufügen.

Dieses Problem trat zum ersten Mal in Südafrika auf, als mir Braam van Wyk bei unserem Treffen in Pretoria von einem Aloe-Klon erzählte. In Kapstadt passierte das Gleiche dann noch zwei Mal mit Ernst van Jaarsveld: Ich erfuhr von einer uralten Schildkrötenpflanze im Ostkap und einem Ahnenbaum in Namibia, wo ich gerade herkam. Aber ich hatte geplant, noch am selben Nachmittag den afrikanischen Kontinent zu verlassen. Und als ich in Australien war, erinnerte mich jemand an den Te Matua Ngahere, einen Kauri-Baum in Neuseeland, der irgendwie von meiner Liste gerutscht war, aber es bestand absolut keine Möglichkeit mehr, meinen ohnehin schon mörderischen Reiseplan noch um eine zehnte oder elfte Station zu ergänzen. Anfang 2013 war ich schon dabei, einen Last-Minute-Trip zu organisieren, um einen Freund in Auckland zu besuchen und bei der Gelegenheit auch den Kauri-Baum in Augenschein zu nehmen, aber als der Freund kalte Füße bekam, sagte ich nach einem Blick auf meinen Kontostand die ganze Reise wieder ab.

(4) Ich besitze kein U-Boot.

Manchmal braucht eine Frau eben doch ein U-Boot. Oder wenigstens ein ROV (ferngesteuertes Fahrzeug). Vier potenzielle Objekte für mein Projekt leben in den eisigen Tiefen des Meeres. Es sind neben der Hirnkoralle die einzigen anderen Tiere, die die Altersgrenze von

2000 Jahren überschreiten: drei noch ältere Korallen und ein Schwamm, den man in der Arktis, vor Hawaii und in der Antarktis findet.

Es existiert eine 2742 Jahre alte *Gerardia*-Koralle und ganz in der Nähe eine mit den Seeanemonen verwandte, 4265 Jahre alte schwarze *Leiopahtes*-Koralle, die beide von einem Tauchboot in den sehr tiefen Gewässern vor dem Hawaii-Archipel entdeckt wurden – in einer Tiefe von knapp 400 Metern. Noch älter ist die *Lophelia pertusa*, auch eine Koralle, die seit 6000 Jahren in den arktischen Gewässern vor dem norwegischen Kontinentalschelf lebt, in einer Tiefe von etwa 100 Metern.

Das älteste Tier auf unserem Planeten könnte der 15 000 Jahre alte *Anoxycalys joubini* vor dem McMurdo-Schelfeis in der Antarktis sein. Ich kenne die genaue Tiefe, in der diese Schwämme leben, nicht, aber bisher hat niemand die ältesten von ihnen von Angesicht zu Angesicht gesehen, denn sie wurden mit Hilfe eines SCINI ROV – eines *Submersible Capable of under Ice Navigation and Imaging Remotely Operated Vehicle* – entdeckt.

In gewisser Hinsicht könnte man sagen, wenn man in der Antarktis gewesen ist, dann ist man überall gewesen, außer im Weltraum. Aber natürlich stimmt das nicht. Man kann immer noch die Unterwasserwelt erkunden. Oder die Antarktis noch einmal bereisen. Oder beides.

GLOSSAR

ARCHAEEN/URBAKTERIEN. Urbakterien sind primitive Organismen und bilden ihre eigene Domäne, getrennt von Bakterien und Eukaryoten. Man glaubt, sie haben ihre eigene Evolutionsgeschichte. Sie sind Prokaryoten, was darauf hindeutet, dass sie weder einen Zellkern noch von Membranen umgebene Organellen besitzen. Oft, aber nicht immer, leben sie unter extremen Bedingungen.

BAKTERIEN. Wie Archaeen und Eukaryoten bilden Bakterien ihre eigene Domäne. Sie sind prokaryotische, einzellige Organismen, die eine Vielzahl verschiedener Formen aufweisen und fast überall auf der Erde zu finden sind.

DENDROCHRONOLOGIE. Das Studium der Jahresringmuster oder Wachstumsringe, das eine präzise und zuverlässige Altersbestimmung für einzelne Bäume erlaubt.

EINHEITLICHER ORGANISMUS. Ein genetisch und physikalisch definierter individueller Organismus.

EUKARYOTEN. Umfasst die Domäne der Eukaryota. Eukaryoten sind einzellige oder mehrzellige Organismen, die durch ihre Zellstruktur definiert werden. Diese besteht aus einem Zellkern, der genetische Information enthält, sowie membrangebundenen Organellen, die organähnliche Funktionen in der Zelle übernehmen. Das Reich der Pflanzen wie auch das der Tiere, Pilze und Schleimformen sind alle Teile der Domäne Eukaryota.

EXTREMOPHILE. Ein Spitzname für Mikroorganismen, die in Umgebungen wachsen und gedeihen, die häufig tödlich für fast alle anderen Lebensformen sind. Ihre Fähigkeit, sich in Umgebungen mit extremen Temperaturen, hohem Druck, sauren oder alkalischen Werten oder hohem Salzgehalt zu entwickeln, führt zu der umstrittenen These, dass sie während der Anfänge des Lebens an die Erde gebunden wurden und eventuell an einem anderen Ort des Universums entstanden sind.

JAHRESRINGCHRONOLOGIE. Durch die Jahresringzahlen von mehreren Bäumen können äußerst präzise Chronologien über sehr lange Zeitspannen erfasst werden. Zum Beispiel erfasste eine Studie in Schweden im Jahr 2002 880 lebende, völlig ausgedörrte subfossile Pinien im Norden von Schweden, um eine präzise 7400-Jahre-Ringchronologie zu erstellen.

KLONE; KLONKOLONIE. Eine Gruppe von genetisch identischen Pflanzen, Bakterien oder Pilzen, die durch vegetatives Wachstum oder Zellteilung anstatt durch geschlechtliche Fortpflanzung entstehen.

LICHENOMETRIE. Bei dieser Methode werden Studien der Wachstumsraten und Flechtenmuster zu Rate gezogen, um zu bestimmen, wie lange eine Oberfläche, beispielsweise Felsen, freigelegt und dem Licht zugänglich war. Diese Daten werden oft zusammen mit anderen Datierungsmethoden benutzt, um das Alter eines Fundobjekts zu bestätigen. Lichenometrie kann besonders hilfreich sein für Objekte, die noch nicht so alt sind, und in Fällen, in denen die Radiokarbondatierung nicht so genau ist.

LIGNOTUBER. Findet man hauptsächlich in holzigen Büschen und Blumen, die unter Dürre und Feuer leiden. Sie wachsen unterhalb des pflanzlichen Stammes, wo Knospen und Nährstoffe gespeichert werden, die es möglich machen, dass nach einer Dürre oder sonstigen für die Pflanzen stressigen Ereignissen neue Stängel wachsen.

MYKOLOGIE. Studium der Pilze.

PROKARYOTEN. Prokaryotische Organismen sind normalerweise einzellig (aber nicht immer) und werden durch eine kernlose Zellstruktur definiert; alle ihre elementaren Komponenten sind lediglich durch eine Außenmembran verbunden.

RADIOKARBONDATIERUNG. Eine weit verbreitete wissenschaftliche Methode, um organische Materialien zu datieren, auch Kohlenstoffdatierung oder C-14-Datierung genannt. Die Methode untersucht den Anteil an zerfallenem Kohlenstoff 14 im Vergleich zum stabilen Kohlenstoff 12. Wegen der Halbwertszeit von 5700 Jahren von Kohlenstoff 14 ist diese Methode hilfreich bei Materialien, die nicht älter als etwa 60 000 Jahre sind. Für die Datierung ganz junger Materialien ist sie auch weniger sinnvoll, da der Kohlenstoff weniger Zeit für den Zerfall hatte.

VEGETATIVE FORTPFLANZUNG; SELBSTVERBREITUNG. Die ungeschlechtliche Fortpflanzung neuer Lebewesen durch Mittel wie Rhizome, Wurzelbrut und Pflanzenknolle, und nicht durch die geschlechtliche Produktion von Samen oder Sporen. Mit der Zeit können selbstverbreitende Pflanzen eine Klonkolonie bilden.

CHRONOLOGISCHER INDEX

Affenbrotbaum, Südafrika: 2000 Jahre
Hirnkoralle, Tobago: 2000 Jahre
Welwitschie, Namibia: 2000 Jahre
Riesenmammutbaum, Kalifornien: 2150–2890 Jahre
Jōmon Sugi, Japan: 2180–7000 Jahre
Alerce, Chile: 2200 Jahre
Antarktisches Moos, South Georgia: 2200 Jahre
Sri Maha Bodhi, Sri Lanka: über 2294 Jahre
Dunkler Hallimasch, Oregon: 2400 Jahre
Europäische Eibe, Schottland: 2000–3000 Jahre
Olivenbaum, Kreta: 2000–3000 Jahre
Stromatolithen, Australien: 2000–3000 Jahre
Kastanienbaum der 100 Pferde, Sizilien: 3000 Jahre
Landkartenflechten, Grönland: 3000 Jahre
Yareta, Chile: 3000 Jahre
Der Senator, Florida (verstorben): 3500 Jahre
Borstenkiefer, Kalifornien: 5000 Jahre
Antarktisches Moos, Elephant Island: 5500 Jahre
Eukalyptus (WA), Australien: 6000 Jahre
Fichte, Schweden: 9950 Jahre
Huon Pine, Tasmanien: 10 500 Jahre
Antarktische Scheinbuche, Australien: 12 000 Jahre
Kreosotbusch, Kalifornien: 12 000 Jahre
Mojave-Yucca, Kalifornien: 12 000 Jahre
Box Huckleberry, Pennsylvania: 8000–13 000 Jahre
Eukalyptus (NSW), Australien: 13 000 Jahre
Palmer's Oak, Kalifornien: 13 000 Jahre
Unterirdischer Wald, Südafrika (verstorben): 13 000 Jahre
Tasmanische Lomatia, Tasmanien: 43 600 Jahre
Pando, Utah: 80 000 Jahre
Neptungras, Spanien: 100 000 Jahre
Sibirische Actinobakterien: 400 000–600 000 Jahre

BIOMISCHER INDEX

POLARGEBIET

Antarktisches Moos, South Georgia: 2200 Jahre
Antarktisches Moos, Elephant Island: 5500 Jahre
Landkartenflechten, Grönland: 3000 Jahre
Sibirische Actinobakterien: 400 000–600 000 Jahre

WASSER

Hirnkoralle, Tobago: 2000 Jahre
Neptungras, Spanien: 100 000 Jahre
Stromatolithen, Australien: 2000–3000 Jahre

TROPISCHER & SUBTROPISCHER REGENWALD

Antarktische Scheinbuche, Australien: 12 000 Jahre
Jōmon Sugi, Japan: 2180–7000 Jahre
Sri Maha Bodhi, Sri Lanka: über 2294 Jahre

WÜSTENGEBIET

Kreosotbusch, Kalifornien: 12 000 Jahre
Mojave-Yucca, Kalifornien: 12 000 Jahre
Palmer's Oak, Kalifornien: 13 000 Jahre
Welwitschie, Namibia: 2000 Jahre
Yareta, Chile: 3000 Jahre

HALBTROCKENGEBIET (CHAPARRAL UND SAVANNE)

Affenbrotbaum, Südafrika: 2000 Jahre
Eukalyptus (WA), Australien: 6000 Jahre
Kastanienbaum der 100 Pferde, Sizilien: 3000 Jahre
Olivenbaum, Kreta: 2000–3000 Jahre
Riesenmammutbaum, Kalifornien: 2150–2890 Jahre
Unterirdischer Wald, Südafrika (verstorben): 13 000 Jahre

GEMÄSSIGTER WALD

Alerce, Chile: 2200 Jahre
Box Huckleberry, Pennsylvania: 8000–13 000 Jahre
Der Senator, Florida (verstorben): 3500 Jahre
Dunkler Hallimasch, Oregon: 2400 Jahre
Eukalyptus (NSW), Australien: 13 000 Jahre
Europäische Eibe, Schottland: 2000–3000 Jahre
Huon Pine, Tasmanien: 10 500 Jahre
Pando, Utah: 80 000 Jahre
Tasmanische Lomatia, Tasmanien: 43 600 Jahre

SUBALPINES GEBIET

Borstenkiefer, Kalifornien: 5000 Jahre
Fichte, Schweden: 9950 Jahre

FORSCHER, FÜHRER, GÄSTE UND *A LITTLE WAY THROUGH*

RIESENMAMMUTBAUM *(Seite 2)*

FORSCHER
Nate Stephenson

BORSTENKIEFER *(Seite 10)*

FORSCHER
Tom Harlan, Matthew Salzer

ZUSÄTZLICHE INFORMATION
Peter Brown

KREOSOTBUSCH *(Seite 18)*

FORSCHER
Larry Le Pre

GUIDE (2006)
Art Basulto

BEGLEITUNG (2012)
Forscher von Palmer's Oak

MOJAVE-YUCCA *(Seite 24)*

FORSCHER
Larry Le Pre

GUIDE (2006)
Art Basulto

BEGLEITUNG (2012)
Forscher von Palmer's Oak

DUNKLER HALLIMASCH *(Seite 30)*

FORSCHER
Brennan Fergenson, Craig Schmitt,
Mike Tatum, Jim Lowrie

CESSNA PILOT
Don Davis

BOX HUCKLEBERRY *(Seite 38)*

HINTERGRUNDINFORMATION
Stephen Wacker / Tuscarora-Staatsforst

GUIDE
Jim Doyle

BEGLEITUNG
Shirley Fergenson

PALMER'S OAK *(Seite 44)*

FORSCHER UND GUIDES
Andy Sanders, Mitch Provance

FORSCHER
Jeffrey Ross-Ibarra

BEGLEITUNG (FILM)
Marie Regan

PANDO *(Seite 52)*

FORSCHER
Michael Grant

DER SENATOR *(Seite 60)*

GUIDE (2012)
Jim Duby

GASTGEBER (2007 & 2012) UND BEGLEITUNG
Rachel Simmons

LANDKARTENFLECHTEN *(Seite 66)*

FORSCHER
Eric Hansen Steen

GUIDE
Martin Bay Hebsgaard

ARCHÄOLOGISCHE KOORDINIERUNG
Christian Koch Madsen

AD-HOC-ÜBERLEBENSTRAINING IN DER WILDNIS
Martin Appelt

YARETA *(Seite 82)*

GUIDE
Eliana Belmonte

FAHRER
Marisol González

GASTGEBER (SANTIAGO)
Javier Brstilo & Bruna Truffa

ALERCE *(Seite 94)*

FORSCHER
Antonio Lara

GUIDE
Jonathan Barichivich

GASTGEBER (SANTIAGO)
Javier Brstilo & Bruna Truffa

HIRNKORALLE *(Seite 102)*

TAUCHLEHRER
Keith Darwent

BEGLEITUNG
Robert Elmes

EUROPÄISCHE EIBE *(Seite 112)*

KASTANIENBAUM DER 100 PFERDE *(Seite 118)*

VERMITTLER
Valentina Caltabiano

TORWÄCHTER
Alfio

NEPTUNGRAS *(Seite 128)*

FORSCHER UND GUIDE
Núria Marbà

BEGLEITUNG
Robert Elmes

FORSCHER, FÜHRER, GÄSTE UND *A LITTLE WAY THROUGH*

OLIVENBAUM (Seite 138)

BEGLEITUNG
Robert Elmes

FICHTE (Seite 146)

FORSCHER
Leif Kullman

BEGLEITUNG
Lisa Sussman

JŌMON SUGI (Seite 160)

GUIDES
Jason Grayston & Maki Ito

GASTGEBER (YAKUSHIMA)
Makoto & Teruko Oka

GASTGEBER (TOKYO)
Mimi Oka & Jun Makihara

SRI MAHA BODHI (Seite 164)

FORSCHER
Suranjan Fernando, Thilo Hoffman

FAHRER
Siva

A LITTLE HELP FROM YOUR FRIENDS
Laura & Widgitha Bandara, Tina Roth Eisenberg, Sujatha Meegama & Ian MacDonald, Ananda & Indrani Meegama

SIBIRISCHE ACTINOBAKTERIEN (Seite 174)

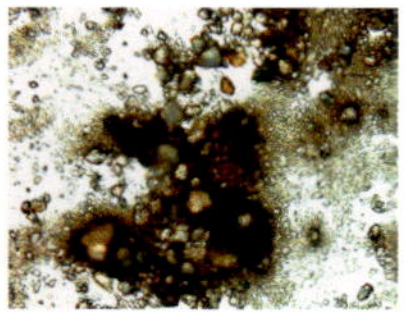

FORSCHER
Sarah Stewart Johnson, Martin Bay Hebsgaard

AFRIKANISCHER AFFENBROTBAUM (Seite 182)

FORSCHER
Hugh F. Glen

GUIDE
Diane Mayne

GASTGEBER (JOHANNESBURG)
Diana Mayne & R. S. Wicks

BEGLEITUNG
Christine McLeavey

UNTERIRDISCHER WALD (Seite 194)

FORSCHER
Braam van Wyk

GASTGEBER (JOHANNESBURG)
Diana Mayne & R. S. Wicks

BEGLEITUNG
Christine McLeavey

WELWITSCHIE (Seite 198)

FORSCHER
Ernst van Jaarsveld

GUIDE
George

VERMITTLER
Nicole Voland

BEGLEITUNG
Rachel Holstead, Christine McLeavey

ANTARKTISCHE SCHEINBUCHE (Seite 210)

FORSCHER UND GUIDE
Rob Price

GASTGEBER (GOLDKÜSTE)
John & Joy Carbines

GASTGEBER (SYDNEY)
Robert Todd & Sandra Domelow

TASMANISCHE LOMATIA (Seite 218)

FORSCHER
Jayne Balmer

GUIDE (ROYAL TASMANIAN BOTANICAL GARDENS)
Lorraine Perrins

GASTGEBER (HOBART)
Kathy Allen & Familie

HUON PINE (Seite 224)

FORSCHER
Kathy Allen, Geoff Downes, David Drew, Mike Peterson

GASTGEBER (HOBART)
Kathy Allen & Familie

EUKALYPTUS (NSW) (Seite 232)

FORSCHER UND GUIDE
John Briggs

GASTGEBER (SYDNEY)
Robert Todd & Sandra Domelow

EUKALYPTUS (WA) (Seite 238)

FORSCHER
Kingsley Dixon

GASTGEBER (PERTH)
David & Ros Todd

STROMATOLITHEN (Seite 242)

GUIDE
Ross Mack

UNSCHÄTZBARE HILFE
Kingsley Dixon, Gavin Price, David Todd

GASTGEBER (PERTH)
David & Ros Todd

ANTARKTISCHES MOOS (ELEPHANT ISLAND) (Seite 252)

FORSCHER
Svante Björck, Christian Hjort

SCHIFF
Lindblad Expeditions / National Geographic Explorer

GAST
Peter Hillary

ANTARKTISCHES MOOS (SOUTH GEORGIA) (Seite 270)

FORSCHER
Nathalie Van der Putten

SCHIFF
Lindblad Expeditions / National Geographic Explorer

GAST / SEEHUND-BODYGUARD
Stephanie Martin

Titel der amerikanischen Originalausgabe:
»The Oldest Living Things in the World«
Einige der Kapitel wurden vor der Buchveröffentlichung im *The New York Times* Lens Blog und auf brainpickings.org veröffentlicht.

Originalverlag: The University of Chicago Press, Chicago 60637
The University of Chicago Press, Ltd., London

Lektorat: Daniela Jarzynka
Bildauswahl und -bearbeitung: Christina Louise Costello
Infografiken: Michael Paukner
Autorenfoto: Laura Holder
Umschlaggestaltung in Anlehnung an einen Entwurf von Jill Shimabukuro
Umschlagmotiv: Rachel Sussman, Spruce Gran Picea #0909-11A07
(9550 Jahre alt, Dalarna, Schweden), detail.
Satz: fuxbux, Berlin
Gesetzt aus der Gotham und der Minion
Druck und Einband: Grafisches Centrum Cuno GmbH & Co.KG, Calbe – gedruckt im Ultra HD Print®

MIX
Papier aus verantwortungsvollen Quellen
FSC® C043106

Printed in Germany
ISBN 978-3-86995-080-8

5 4 3 2 1

Sie finden uns im Internet unter www.quadrigaverlag.de
Bitte beachten Sie auch www.luebbe.de

Ein verlagsneues Buch kostet in Deutschland und Österreich jeweils überall dasselbe.
Damit die kulturelle Vielfalt erhalten und für die Leser bezahlbar bleibt, gibt es die *gesetzliche Buchpreisbindung*. Ob im Internet, in der Großbuchhandlung, beim lokalen Buchhändler, im Dorf oder in der Großstadt – überall bekommen Sie Ihre verlagsneuen Bücher zum selben Preis.